María Carrillo Díaz

Antonio Crego Díaz

Martín Romero Maroto

EL MIEDO DENTAL

EN LA INFANCIA Y ADOLESCENCIA

Implicaciones para la salud oral

El miedo dental en la infancia y adolescencia.

Implicaciones para la salud oral.

Copyright © 2012 María Carrillo Díaz, Antonio Crego Díaz y Martín Romero Maroto.

Todos los derechos reservados.

Primera edición: diciembre 2012

ISBN: 978-1-291-23918-8

Lulu Press, Inc.

3101 Hillsborough Street. Raleigh, NC 27607, United States of America.

http://www.lulu.com

A mis padres Tomás y Cecilia, a mi hermano Fran y a mis sobrinos Edu e Irene, por ser el pilar de mi vida.

Al pequeño Raúl, a quien apenas han salido los dientes.

A los niños con miedo al dentista, porque un día lo van a superar, y a sus padres.

A todos los profesionales, y en especial a los odontopediatras y psicólogos, que luchan cada día para combatir este problema.

En la vida no hay nada que temer, sólo hay cosas que comprender;
ahora es el momento de comprender más, para que podamos temer menos.
(Marie Curie)

INDICE

1. LA PREVALENCIA DEL MIEDO DENTAL EN NIÑOS Y ADOLESCENTES 11

**2. PROBLEMAS DE SALUD BUCODENTAL ASOCIADOS
A LA ANSIEDAD DENTAL EN ODONTOPEDIATRÍA** 19

**3. CARACTERÍSTICAS DE LA ANSIEDAD DE NIÑOS Y ADOLESCENTES
ANTE SITUACIONES DENTALES** 27
    3.1. ¿QUÉ ES EL MIEDO, LA ANSIEDAD Y LA FOBIA DENTAL? 27
        3.1.1. Miedo dental 28
        3.1.2. Ansiedad dental 31
        3.1.3. Fobia dental 34
    3.2. LA ANSIEDAD DENTAL EN EL CONTEXTO EVOLUTIVO DE NIÑOS Y ADOLESCENTES. 39

4. ETIOLOGÍA DE LA ANSIEDAD DENTAL EN NIÑOS Y ADOLESCENTES 47
    4.1. VARIABLES SOCIODEMOGRÁFICAS RELACIONADAS CON EL MIEDO DENTAL. 48
    4.2. VULNERABILIDAD GENÉTICA Y MIEDO DENTAL. 55
    4.3. LA PERSONALIDAD DEL NIÑO O ADOLESCENTE Y LA ANSIEDAD DENTAL. 55
    4.4. EXPERIENCIAS DENTALES Y MÉDICAS PREVIAS Y ANSIEDAD DENTAL. 57
    4.5. ASPECTOS PSICOSOCIALES IMPLICADOS EN EL MIEDO DENTAL INFANTIL:
    CONTAGIO EMOCIONAL DEL MIEDO DENTAL EN LA FAMILIA. 61
    4.6. ELEMENTOS COGNITIVOS PRESENTES EN LA ANSIEDAD DENTAL. 67

5. MODELOS EXPLICATIVOS DEL MIEDO DENTAL 79
    5.1. EXPLICACIONES BIOLÓGICAS DEL MIEDO DENTAL. 79
    5.2. MODELOS BASADOS EN EL APRENDIZAJE. 81

    5.2.1. El condicionamiento clásico y la hipótesis
    de la inhibición latente. 81
    5.2.2. El condicionamiento operante...86
    5.2.3. La Teoría Bifactorial de Mowrer. 89
    5.2.4. Aprendizaje vicario. 91
    5.2.5. El modelo de las tres vías de adquisición
    del miedo de Rachman. 93
    5.2.6. Críticas a los modelos basados en el aprendizaje. 96

    5.3. Modelos cognitivos para la explicación de la ansiedad dental. 101
    5.3.1. El miedo dental desde la perspectiva cognitiva...........................101
    5.3.2. La aplicación del Modelo de Vulnerabilidad Cognitiva
    de Jason Armfield para el análisis del miedo dental.............................108
    5.3.3. El modelo cognitivo de Chapman y Kirby-Turner (1999)
    sobre miedo dental infantil. 121

6. EL MIEDO DENTAL Y LA PRÁCTICA ODONTOPEDIÁTRICA 127
    6.1. Implicaciones desde el punto de vista de la prevención. 127
    6.2. Implicaciones desde el punto de vista de la intervención. 130
    6.3. Implicaciones para la práctica odontopediátrica en consulta. 133

7. REFLEXIÓN FINAL: EL FUTURO DEL MIEDO DENTAL
    EN ODONTOPEDIATRÍA 137

BIBLIOGRAFÍA 145

1

La prevalencia del miedo dental en niños y adolescentes

Las estimaciones realizadas en diversos estudios muestran una gran variabilidad en las cifras de prevalencia de las que informan diversas investigaciones, motivo por el cual faltan datos más precisos sobre el porcentaje de personas –en la población general- con miedo dental. Así por ejemplo, en un estudio realizado entre la población adulta de Suecia, Hakeberg, Berggren y Carlsson (1992) obtuvieron cifras de prevalencia entre el 5.4% y 6.7%; Oosterink, de Jongh y Hoogstraten (2009) encontraron una prevalencia del 24.3% entre adultos holandeses; Armfield, Spencer y Stewart (2006) hallaron que un 16.1% de la población australiana de más de 5 años tenía niveles altos de miedo dental; y en un estudio realizado con estudiantes universitarios japoneses, Domoto *et al.* (1988), obtuvieron que entre el 6% y el 14% de ellos tenían un miedo extremo al dentista.

La variabilidad en las tasas de prevalencia encontradas puede obedecer a la variación considerable respecto a las medidas, métodos, criterios utilizados para la definición de miedo dental y la muestra empleada en distintas investigaciones (Oosterink *et al.*, 2009).

Una variable que influye de manera significativa es el rango de edad de los sujetos que componen las muestras, ya que el nivel de miedo dental puede variar en función de dicha variable. Por ejemplo, en el estudio realizado por Locker *et al.* (1999), aproximadamente el 50% de los individuos informaron de que su mayor nivel de miedo dental se dio durante la infancia, para el 27% durante la adolescencia y según el 23% en la edad adulta. Sin embargo, estos datos difieren de los de otros estudios en los que se encontró que la ansiedad dental en niños se incrementa con la edad, mientras que los pacientes adultos muestran menos miedo cuando tienen mayor edad.

Otros autores defienden que el miedo dental no sigue una tendencia lineal, afirmando que existen picos de mayor ansiedad dental a ciertas edades (Rantavuori, 2008). Por ejemplo, Cuthbert y Melamed (1982) sugieren que dependiendo de la edad los niños presentan temores diferentes y que las distribuciones de este miedo son irregulares. En la edad preescolar, la dependencia paterna y la ansiedad por separación desempeñarían un papel importante en el miedo dental. Mientras que a una edad más tardía (6-8 años) destacarían los temores por el riesgo de lesiones corporales y se incrementa la preocupación en el contexto social, adquiriendo el miedo dental nuevas características, relacionadas con el miedo al daño físico que pueda causar el tratamiento dental, con la vergüenza por ser criticado por el odontólogo o con las posibles dificultades en la relación con él. Como conclusión, se puede decir que no existe un consenso por parte de los autores respecto al papel de la edad en relación con la ansiedad dental, aunque parece claro que las cifras de prevalencia van a variar en función de cómo sea la distribución de esta variable en la muestra.

Los datos sobre la prevalencia del miedo dental varían también a través de las diferentes culturas y en las distintas poblaciones. No obstante, la prevalencia de miedo dental es similar en países como Estados Unidos, Australia, Japón, Dinamarca, Israel, Singapur y Noruega. Según Wisloff, Vassend y Asmyhr (1995), alrededor del 5% de la población de los países occidentales muestra altos niveles de miedo dental y un 20-30% presenta niveles moderados.

En España, un estudio realizado en Galicia por Rodríguez-Vázquez *et al.* (2008) encontró que el 96.8% de los pacientes adultos (N=804) que acudían a consultas odontológicas en Atención Primaria para un tratamiento de exodoncia presentaba algún nivel de estrés dental, mientras que el 10.1% de los pacientes manifestaron un nivel alto de miedo dental. En este estudio se empleó una escala visual analógica (EVA) para la medición del nivel de estrés dental, con un rango posible de respuesta 0 (ausencia de estrés) a 10 (máximo estrés). La puntuación media obtenida por la muestra en dicha escala fue de 3.54 (*Dt*=2.63).

Otras dificultades para la comparación de datos de prevalencia provienen de las diferencias en el concepto de miedo dental tomado en consideración, y vinculado a ello, de los diferentes instrumentos empleados para su medida. Por ejemplo, en un estudio donde revisa los diferentes métodos de medida del miedo dental, Armfield (2010a) concluye que el elevado número de escalas existentes viene a ser un reflejo de los problemas existentes para delimitar el concepto de miedo y ansiedad dental, y que la proliferación de nuevos instrumentos de medida obedecería a lo insatisfactorio de los ya disponibles. Este autor, empleando el *Index of Dental Fear and Anxiety* en una muestra representativa de la población adulta australiana, encontró que el 0.9% de los encuestados podría ser diagnosticado de fobia dental siguiendo criterios estrictos DSM-IV; el 2.2% padecería fobia dental, si no se considera el criterio de que la persona admita que su miedo es excesivo o poco razonable; y el 4.9% sufriría alguna fobia o trastorno con un componente de miedo dental. Resulta, pues, difícil hacer una estimación precisa sobre la proporción de personas en la población con miedo dental, más allá de aportar un rango de valores de prevalencia. Lo que resulta significativo, no obstante, es que las cifras de prevalencia del miedo dental han sido relativamente constantes en los últimos 20 años (Schuller,

Willemsun y Holst, 2003), y ello a pesar de los avances en odontología tanto en el instrumental como en los procedimientos terapéuticos, y el extenso conocimiento que tenemos sobre el miedo dental y sus consecuencias.

En el caso de la prevalencia del miedo dental en niños, las dificultades anteriormente mencionadas son -si cabe- más señaladas. Rantavouri (2008), por ejemplo, ha encontrado que la prevalencia del miedo dental infantil reportada en distintos estudios se movía en un rango del 6% al 56%, dependiendo de las características de tales estudios. Klingberg y Broberg (2007), sin embargo, identificaron un rango de prevalencia más ajustado. Estos autores llevaron a cabo una revisión sistemática sobre datos de 12 muestras infantiles, encontrando que las cifras de prevalencia oscilaban entre el 5.7% y el 19.5%, con una media general de 11.1%. La prevalencia ponderada, que calcularon dividiendo el número de niños con miedo dental entre el total de niños encuestados en las 12 muestras, era del 9.4%. Cuando se excluía del análisis un estudio referido a población con bajos ingresos, la prevalencia media era del 10.3%, moviéndose en un rango del 5.7% al 19.0%. En este caso, la prevalencia ponderada bajaba al 8.7%. Dentro de los rangos señalados, la prevalencia media y la prevalencia ponderada variaban también en función de la escala empleada para la medida del miedo dental infantil y del informante en cada caso, ya sea un autoinforme del niño o informe parental.

En el ámbito europeo, se han hallado cifras de prevalencia para niveles elevados de miedo infantil del 7.6% en niños franceses de 5-11 años (Nicolas *et al.*, 2010); del 7.1% en niños británicos de 13-14 años (Bedi *et al.*, 1992); y del 6.7% en niños suecos de edades entre los 4-11 años (Klingberg, Berggren y Noren, 1994). En nuestro contexto más próximo, un estudio llevado a cabo con población infantil (7-12 años; N=183) de la Comunidad de Madrid, halló una prevalencia de altos niveles de miedo dental del 4.9%, empleando una adaptación al castellano de la escala *Children's Fear Survey Schedule-Dental Subscale* (CFSS-DS). La puntuación media que se obtuvo fue de 27.42 (*Dt*=9.46), siendo el rango posible de puntuaciones de 15 a 75, donde puntaciones más altas reflejan mayor nivel de miedo dental (Lara, Crego y Romero-Maroto, 2012).

En una serie de investigaciones realizadas también en la Comunidad de Madrid, se han obtenido igualmente algunos datos sobre los niveles de ansiedad dental y prevalencia de esta problemática en la población infantojuvenil (Carrillo-Díaz, Crego y Romero, 2012; Carrillo-Díaz, Crego, Armfield y Romero, 2012 a,b,c). En concreto, los resultados obtenidos apuntaban a que, en general, los niveles de miedo dental de las muestras de participantes en los estudios eran moderados o bajos, y que la prevalencia de niveles elevados de miedo dental se situaría entre el 8,7% (Carrillo-Díaz, Crego y Romero, 2012) y el 13,6% (Carrillo-Díaz, Crego, Armfield y Romero, 2012c). Si bien las muestras empleadas no podían considerarse representativas de la población general infantojuvenil española, los datos de prevalencia obtenidos serían similares a los encontrados en otros estudios (Klingberg y Broberg, 2007), poniéndose de manifiesto que la ansiedad dental es un problema relativamente común entre los niños. Además, y de manera consistente con la literatura previa (Klingberg y Broberg, 2007), los datos obtenidos por Carrillo-Díaz *et al.* (2012) apuntaban a una menor prevalencia del miedo dental en los adolescentes, en comparación con los niños de menor edad. En función del género, los datos de prevalencia de niveles elevados de miedo dental reflejaron claramente que un mayor porcentaje de niñas (13%) presentaba esta problemática, frente a la proporción de niños afectados por ella (4,8%).

En definitiva, el miedo dental parece un problema bastante extendido, siendo habitual experimentar algún grado de estrés ante los tratamientos dentales. De hecho, un porcentaje relativamente alto de la población, tanto adulta como infantil, sufriría niveles elevados de ansiedad dental.

2

Problemas de salud bucodental asociados a la ansiedad dental en odontopediatría

El miedo dental no es sólo un problema de naturaleza emocional, sino que tiene implicaciones comportamentales que llegan a afectar a la salud bucodental de los pacientes infantiles. En concreto, la ansiedad infantil se ha relacionado con la presencia de conductas disruptivas durante la consulta odontológica y con la evitación de los tratamientos, lo que conlleva un empeoramiento del estado de salud bucodental del paciente (Nicolas *et al.*, 2010).

Los procedimientos diagnósticos o terapéuticos que se llevan a cabo en las clínicas odontológicas pueden resultar desagradables o estresantes para los pacientes. De hecho, las personas con miedo dental creen que los exámenes bucodentales o los tratamientos van a ser más desagradables o dolorosos, a pesar de que en realidad experimentan menos dolor del que se esperan (Arntz, Van Eck y Heijmans, 1990). Diversos estudios, como los de Kent (1985) y De Jongh y ter Horst (1993), han demostrado que los pacientes que presentan creencias más negativas acerca del dentista experimentan mayor ansiedad porque tienen expectativas más negativas. En este sentido, la ansiedad dental anticipatoria parece jugar un papel importante en los momentos previos a la visita al dentista, ya que ha sido relacionada con conductas de evitación de la situación dental, tales como la cancelación de citas o la negación de la importancia del problema dental (Pohjola *et al.*, 2007). Este patrón de evitación debido a la ansiedad que elicita en el paciente el tratamiento dental puede tener un efecto negativo sobre su salud bucodental. Algunos autores hablan de un "círculo vicioso" en el que el miedo dental se asocia a una menor frecuencia de visitas al dentista (Milgrom *et al.*, 1998) y, consecuentemente, con un empeoramiento del estado de salud dental (Berggren y Meynert, 1984; Moore, Brødsgaard y Rosenberg, 2004; Armfield, Slade y Spencer, 2009). La falta de asistencia a la consulta odontológica conlleva a que queden sin tratar patologías orales que aún se hallan en un estado de gravedad leve o moderada, así como a la falta de administración de medidas preventivas. Más aún, diferentes estudios sugieren que las personas ansiosas tienden a sobreestimar la anticipación al dolor (Runyon *et al.*, 2004). Por lo tanto, estos individuos, que sobrestiman el dolor, en el peor de los casos, recurren a la automedicación usando analgésicos, antiinflamatorios y antibióticos con la esperanza de así eliminar la causa de su sufrimiento, el dolor, sin la presencia de signos y síntomas clínicos que justifiquen este proceder (Spink, Bahn y Glicman, 2005; Brennan *et al.*, 2006) e ignorando las posibles y nefastas consecuencias de los mismos (Krochali, 1993; Hubert y Terezhalmy, 2006). En ausencia de una atención dental adecuada, los síntomas orales seguirán su curso de empeoramiento, provocando patologías severas que van a requerir de tratamientos más intensivos, urgentes y costosos.

En definitiva, el paciente con miedo dental acudiría a consulta sólo cuando la atención odontológica es ya obligada, debido al dolor o a la gravedad de los síntomas experimentados. Para estos pacientes, se incrementa por tanto el riesgo de acudir a los servicios de urgencia cuando la situación se torna insoportable. Este agravamiento de la condición oral contribuiría a su vez al mantenimiento de la ansiedad dental y de la dinámica de evitación (Berggren y Meynert, 1984; Moore, Brødsgaard y Rosenberg, 2004; Armfield, Slade y Spencer, 2009), ya que los pacientes que acuden a consulta por síntomas más graves se hallan más expuestos a la posibilidad de recibir tratamientos que les resulten más aversivos, lo que les confirma su idea anticipada de que las visitas dentales pueden conllevar malestar, peligro, dolor, etc. Unido a ello, algunos autores han señalado también que el miedo a recibir una evaluación negativa por parte del odontólogo o la vergüenza (Moore, Brødsgaard y Rosenberg, 2004) que supone mostrarle la boca en mal estado contribuirían al mantenimiento de las conductas de evitación, estando por tanto también presente un componente interpersonal en el mantenimiento del patrón evitativo (Abrahamsson *et al.*, 2002).

Esta dinámica de "círculo vicioso" también podría reconocerse en el caso de pacientes odontopediátricos con mayores niveles de ansiedad dental, lo que resulta en conductas de evitación del tratamiento (Eitner *et al.*, 2006) e impide que se detecte a tiempo cualquier proceso patológico.

A pesar de que muchos individuos con miedo dental afirman que acuden a revisiones periódicas al dentista, existe una diferencia importante entre los pacientes que presentan alta y baja ansiedad dental. Las personas con miedo dental tienen más probabilidades de no haber acudido a revisiones odontológicas en los tres últimos años, lo cual evidencia las conductas de evitación de estos pacientes. Esta actuación tiene consecuencias en el estado de salud oral. No se han encontrado diferencias entre el CAOD y el CAOS respectivamente en grupos con alto y bajo nivel de ansiedad dental, aunque los individuos con mayor ansiedad dental tienden a presentar mayor número de superficies cariadas y dientes perdidos. Además, los pacientes con mayor ansiedad dental suelen tener un menor número de dientes obturados y también menor número de dientes funcionales (Schuller, Willumsen y Holst, 2003).

El miedo dental en la población infantil se asocia con aumento de lesiones cariosas, pérdida de dientes y necesidad de rehabilitación oral (Alberth *et al.*, 2001; Nicolas *et al.*, 2010), lo que implica la necesidad de tratamientos menos conservadores, más complejos e incluso dolorosos.

Sin embargo, los niños muestran conductas de evitación de los tratamientos dentales con una frecuencia significativamente menor que los adultos (Kleiman, 1982). Esto es debido a que los niños tienen menos posibilidades de emitir tales conductas de evitación, ya que son sus padres quienes controlan la asistencia al tratamiento dental (Liddell y Murray, 1989). No obstante, esto va unido a otra problemática, ya que –como señalan algunos autores– es muy posible que la falta de oportunidades de los niños con niveles altos de miedo dental para evitar el tratamiento esté relacionada con la frecuencia con que muestran comportamientos disruptivos en la consulta. En algunos casos, las reacciones de ansiedad o de miedo son controladas por los pacientes sin que les afecten de forma significativa. En otras ocasiones, sin embargo, el miedo puede ser muy elevado y puede impedir que el paciente se someta a una exploración dental o a un tratamiento determinado. Los comportamientos no cooperativos que pueden estar vinculados a la ansiedad dental incluyen acciones como cerrar la boca, dar manotazos, mover la cabeza, levantarse, gritar, llorar o quejarse. De hecho, el miedo dental y los problemas de manejo de conducta en contextos dentales están estrechamente relacionados. Por ejemplo, Klingberg *et al.*, (1995) señalaron que el miedo dental y las conductas disruptivas en consulta se solapaban parcialmente, con un 27% de niños con problemas de conducta en consulta que también presentaban miedo dental y un 61% de niños con miedo dental que también presentaban conductas disruptivas. Esta interferencia con el tratamiento mediante la no cooperación con el dentista puede limitar la efectividad de la atención dental o incluso llegar a interrumpirla (Gustafsson *et al.*, 2007; Klaassen, Veerkamp y Hoogstraten, 2007; Klingberg y Brober, 2007; Lee, Chang y Huang, 2008; Gustafsson *et al.*, 2010a).

Por otra parte, las reacciones del paciente y los intentos de manejo de estas reacciones por parte del personal de la salud oral, afectan negativamente la relación odontólogo-paciente y son fuente generadora de estrés para el profesional (Cohen, Fiske y Newton, 2000; Márquez *et al.*, 2004; Woodmansey, 2005; Firat, Tunc y San, 2006). Además, éstas producen un incremento del riesgo de lesiones corporales en el niño debido a los movimientos bruscos e inesperados que éste realiza en el gabinete odontológico. Por todo esto, la eliminación de estos comportamientos, o al menos su reducción significativa, resulta imprescindible para que los pacientes que así actúan puedan recibir una atención adecuada.

El miedo dental tiene un impacto no sólo sobre el estado objetivo de salud bucodental del paciente y sobre las condiciones en las que se realiza la atención odontológica. Además, estudios previos han puesto de manifiesto una relación entre el miedo dental y la calidad de vida del paciente asociada a la salud dental (OHRQoL). Este concepto puede considerarse como un indicador del estado percibido de salud oral (Locker, 2007) e incluye la valoración del paciente sobre la presencia de síntomas físicos, limitación funcional y problemas para el bienestar emocional y social vinculados al estado de salud bucodental. Una peor autoevaluación del estado de salud bucodental se asociaría a niveles más altos de ansiedad dental, tanto en adultos (McGrath y Bedi, 2004; Mehrstedt, Tonnies y Eisentraut, 2004; Mehrstedt *et al.*, 2007; Ng y Leung, 2008; Vermaire, de Jongh y Aartman, 2008; Kumar *et al.*, 2009) como en niños (Luoto *et al.*, 2009). En población infantil, no obstante, son escasos los estudios que se han realizado al respecto, aunque los datos parecen indicar que los niños con más miedo al tratamiento de la caries evalúan peor su estado de salud dental globalmente, y especialmente, ven afectados su bienestar emocional y social asociado a la salud oral (Luoto *et al.*, 2009).

En resumen, el miedo dental –más allá del malestar subjetivo que provoca en el niño- se encuentra asociado a su estado de salud oral objetiva y tiene implicaciones para su calidad de vida. Además, la presencia de miedo dental afecta a la forma en que se desarrollan las consultas odontopediátricas, dificultando la provisión de tratamientos, y suponiendo una fuente adicional de estrés para el profesional.

Por todo ello, y considerando además que se trata de una problemática relativamente extendida, parece necesario prestar atención al posible desarrollo de reacciones de miedo dental en la población infantil. La infancia parece tener, además, una gran importancia en el desarrollo de estas conductas desadaptativas de miedo y evitación. Según los informes recogidos por Berggren y Meynert, (1984), la infancia (hasta los 14 años) fue el momento de inicio del miedo dental en el 85,3% de los casos de pacientes que presentaban un elevado nivel de miedo dental.

3

Características de la ansiedad de niños y adolescentes ante situaciones dentales

3.1. ¿Qué es el miedo, la ansiedad y la fobia dental?

Con el fin de poder entender con mayor claridad algunos términos de este campo de conocimiento, se presentan, a continuación, algunas definiciones clave. No obstante, conviene advertir que frecuentemente los términos de miedo y ansiedad dental han sido empleados indistintamente en la literatura científica, mientras que el concepto de fobia dental se ha usado para hacer referencia a niveles patológicos de miedo dental o a la existencia de un diagnóstico clínico basado en criterios psiquiátricos.

A pesar de que en ocasiones se han tratado como términos intercambiables, miedo, ansiedad y fobia dental presentan matices que caben señalarse.

3.1.1. Miedo dental

El miedo es una reacción ante una amenaza real o imaginaria y se considera un aspecto adaptativo de desarrollo normal (King, Hamilton y Ollendick, 1988). Según el diccionario Oxford (2008), el miedo es una emoción desagradable causada por la creencia de que alguien o algo es peligroso. De manera similar, la Real Academia Española (2001) define el miedo como perturbación angustiosa del ánimo por un riesgo o daño real o imaginario. Clínicamente, el término miedo hace referencia a una reacción patológica ante determinados objetos, como podrían ser las agujas o el resto del instrumental odontológico, y situaciones de lo más variadas, como podría ser en el caso del miedo dental la situación de recibir un tratamiento o interactuar con el dentista. Los miedos dentales revisten un carácter contemporáneo al tratamiento; esto es, son controlados por la situación del tratamiento en una relación de inmediatez temporal.

La exposición a estos estímulos o eventos temidos estimula diversas reacciones en el cuerpo, incluyendo reacciones conductuales, fisiológicas, cognitivas y emocionales (Lang y Cuthbert, 1984). Respecto a las reacciones fisiológicas desencadenadas por la amenaza percibida cabe destacar los cambios internos o invisibles, por ejemplo, hormonales y neurológicos, y los externos o visibles, como el aumento de la frecuencia cardiaca, el adoptar expresiones faciales características de temor o los cambios en el lenguaje corporal. Los elementos cognitivos del miedo hacen referencia a las expectativas, evaluaciones, percepciones y recuerdos o información acerca de una situación específica desagradable. Como se desarrollará más adelante, este componente juega un papel central en el desencadenamiento y mantenimiento de la respuesta del miedo en general, y en concreto, del miedo dental. La percepción de que la situación dental es amenazante, incontrolable o dolorosa, entre otras evaluaciones negativas, puede desencadenar la respuesta de miedo dental. El elemento emocional consiste en una alteración del estado anímico, que en el caso del miedo correspondería a la experiencia subjetiva de temor al encontrarse frente al objeto o situación amenazante. Esta experiencia aparece muy vinculada, además, al componente de alteración somática que conllevan las emociones, algo que en el miedo es especialmente característico. Por ejemplo, en personas con miedo, la vivencia de temor se puede acompañar a veces de sensación de náuseas, repugnancia o síntomas de pánico. En el caso concreto del miedo dental también ocurre así, no siendo infrecuente que los pacientes que experimentan temor sientan también malestar de tipo físico, como nauseas, mareos o sensación de asfixia o atragantamiento al encontrarse en el gabinete dental. Finalmente, el elemento comportamental se refiere a las consecuencias de la reacción de miedo, que en el miedo dental incluiría conductas evitativas, de escape, no cooperativas o abiertamente disruptivas, como las comentadas con anterioridad (Lang y Cuthbert, 1984). Como se verá más adelante, muchas de estas conductas tienen un carácter aprendido. Por ejemplo, después de varias exposiciones a una amenaza potencial en la clínica dental, como sufrir dolor o daño físico, un olor o un sabor relacionados con el estímulo temido, pueden desencadenar una reacción de miedo. Esto explica, por ejemplo, que el olor característico del gabinete dental o el sabor de los productos empleados en los tratamientos recibidos puedan desencadenar la reacción de miedo. De este modo, hay estímulos que actuarían como señal que informa de situaciones potencialmente peligrosas, lo que permite articular una respuesta ante ellas. En el caso del niño con miedo dental, la exposición a estos estímulos podría dar lugar al inicio de conductas como cerrar la boca, llorar o intentos de escapar del peligro antes de enfrentarse a él. Si en situaciones anteriores estos comportamientos fueron eficaces para evitar los estímulos temidos, el niño tenderá a repetirlas (Berggren y Meynert, 1984; Milgrom *et al.*, 1995).

3.1.2. Ansiedad dental

El término ansiedad proviene del latín "anxietas", que significa congoja o aflicción. Diversos autores se han referido a la ansiedad como una emoción, respuesta o patrón de respuesta, rasgo de personalidad, estado, síntoma, síndrome y experiencia frente a situaciones amenazantes o preocupantes externas o internas, que con frecuencia experimenta el ser humano, las cuales pueden ser reales o imaginarias. Cuando esta respuesta de ansiedad se sobredimensiona y/o llega a interferir negativamente con la vida de la persona, se hablaría de una ansiedad patológica o neurótica (Milgrom *et al.*, 1995).

En contraste con el miedo, la ansiedad se puede sufrir a pesar de que el estímulo temido no esté presente, es decir, la ansiedad en general, y la ansiedad dental en particular, responde a un patrón conductual anticipatorio. Por ejemplo, es el caso de un sujeto que piensa en un tratamiento odontológico futuro que tiene que recibir y sufre un aumento de la frecuencia cardiaca, siente que la situación será incontrolable, se preocupa por lo que le pueda ocurrir durante el tratamiento, imagina posibles consecuencias negativas, etc. El componente cognitivo anticipatorio es central en la ansiedad, como ya describió Freud (1916).

La ansiedad, al ser una emoción, posee los atributos propios de ésta, con un componente fisiológico, motor y un aspecto cognitivo. Estos tres componentes se hallan igualmente presentes en la ansiedad dental.

- **A nivel cognitivo:** se manifiesta, entre otros, en sentimientos de malestar, preocupación, hipervigilancia, tensión, miedo, inseguridad, sensación de pérdida de control, dificultad para decidir, pensamientos y respuestas verbales negativas sobre la situación, respuestas de imaginación de posibles situaciones aversivas (anticipatorios) y percepción de fuertes cambios psicológicos (De la Gándara y Fuertes, 1999; Maniglia-Ferreira *et al.*, 2004; Hernández, 2005; Soto y Reyes, 2006).

- **A nivel fisiológico:** la ansiedad se manifiesta a través de la activación de diferentes sistemas, como el sistema nervioso autónomo y el sistema nervioso motor, aunque también se activan otros como el sistema nervioso central (Bussadori *et al.*, 2005), el sistema endocrino y el sistema inmune (Craske y Barlow, 2008), que se expresan en un conjunto de manifestaciones físicas como: taquicardia, palpitaciones, dolor torácico, opresión al pecho, molestias respiratorias como hiperventilación, sensación de asfixia, disnea, molestias digestivas como alteración del tránsito intestinal, dolor de estómago, diarrea, vómitos, nauseas, otros síntomas percibidos son cefaleas, mareos, sudoración, sequedad de boca, entre otros (Hernández, 2005; Soto y Reyes, 2005; Craske y Barlow, 2008).

- **A nivel motor:** la ansiedad se manifiesta como inquietud motora, hiperactividad, escape de la situación aversiva, rechazo de los estímulos condicionados a esa situación, llanto, tensión en la expresión facial que nos permite reconocer el miedo y la ansiedad, entre otras respuestas alteradas motoras y verbales (Maniglia-Ferreira *et al.*, 2004; Hernández, 2005; Soto y Reyes, 2005).

En la literatura psicológica se diferencian dos términos: ansiedad-estado y ansiedad-rasgo. La ansiedad-estado se considera un estado emocional transitorio que aparece ante una respuesta a un estímulo, se caracteriza por sentimientos subjetivos de tensión y por una hiperactividad del sistema nervioso autónomo, puede variar con el tiempo y fluctuar en intensidad. Podría ser, en el caso de la ansiedad dental, el estado experimentado por un paciente que tiene programada una visita dental en el día siguiente, y que comienza a preocuparse por ello. Su estado de ansiedad se vincula a la situación dental desencadenante y variará en función de que haya o no visitas dentales a la vista (Moscoso, 1998).

La ansiedad-rasgo o predisposición de la ansiedad, es una condición del individuo que ejerce una influencia constante en su conducta. Se trataría en este caso de la ansiedad como característica de la personalidad de alguien, o como rasgo más o menos estable. Ante una situación determinada, el individuo con mayor grado de este tipo de ansiedad, está más expuesto a experimentarla. Así, la intensidad de sus respuestas emocionales está en función de las características de la situación y su personalidad. En relación con la ansiedad y el miedo dental, por ejemplo, se ha comprobado que los pacientes con mayores niveles de ansiedad en general (Hagglin *et al*., 2001) y de ansiedad-rasgo experimentan también mayores niveles de ansiedad dental (Lago-Mendez *et al*., 2006).

3.1.3. Fobia dental

La fobia es un miedo intenso en relación con un objeto específico que suele provocar conductas de evitación (Stein y Hollander, 2002). En este sentido la fobia dental se manifestaría como dicho miedo intenso, asociado a situaciones relacionadas con el tratamiento dental. Las reacciones que se producen son similares a las reacciones de miedo y la exposición al estímulo fóbico provoca una respuesta inmediata de ansiedad, pero la fobia difiere del miedo y la ansiedad en el grado de intensidad. Así, los individuos fóbicos sobrestiman las consecuencias de la exposición permanente al estímulo temido, y las respuestas son desproporcionadas con el peligro real (Beck, Emery y Greenberg, 1985). En la fobia, además, las reacciones emocionales y comportamentales son de tal intensidad que llegan a provocar malestar significativo o interfieren en la vida de la persona, en el aspecto social, laboral, etc. (APA, 1994; Milgrom *et al.*, 1995). En relación con este último aspecto, la fobia dental es un problema clínico importante debido a su gran impacto en la salud y calidad de vida de los que la sufren.

Las dos clasificaciones más empleadas para el diagnóstico de trastornos psicológicos son la *Clasificación Internacional de Enfermedades* de la Organización Mundial de la Salud (ICD-10; WHO, 1992) y el *Diagnostic and statistical manual of mental disorders* (DSM-IV; APA, 1994).

Según la clasificación ICD-10 de la OMS, la fobia dental se incluiría dentro de las fobias específicas o aisladas (código F40.02), que se caracterizan por estar restringidas a situaciones muy específicas, entre las que se citan expresamente las visitas al dentista, la visión de sangre o heridas o el temor al contagio de enfermedades. Tres serían las pautas para el diagnóstico de este tipo de fobias:

a) Los síntomas, psicológicos o vegetativos, son manifestaciones primarias de la ansiedad y no secundarias a otros síntomas como, por ejemplo, ideas delirantes u obsesivas.

b) Esta ansiedad se limita a la presencia de objetos o situaciones fóbicas específicas.

c) Estas situaciones son evitadas, en la medida de lo posible.

De acuerdo con el DSM-IV, la fobia dental sería una forma de fobia específica simple, encuadrada dentro de los trastornos de ansiedad. Más concretamente, la fobia dental pertenecería al tipo de fobias específicas denominadas como "sangre-inyección-daño" (SID). Este subtipo se caracteriza porque el objeto del miedo es la visión de sangre o heridas, o recibir inyecciones u otras intervenciones médicas de carácter invasivo, aspectos que pueden estar presentes en situaciones de intervención o tratamiento bucodental. Además, según el DSM-IV, las fobias del subtipo SID tienen una notable incidencia familiar y habitualmente se acompañan de respuestas vasovagales intensas, como desmayos, que podrían llegar a padecer hasta el 75% de las personas con este trastorno (APA, 1994). La respuesta fisiológica característica de las fobias SID sería una aceleración inicial y rápida de la frecuencia cardíaca, seguida de una desaceleración y un descenso de la tensión arterial (APA, 1994).

Como en el resto de fobias simples, los criterios para el diagnóstico de fobia dental según los criterios DSM-IV serían los siguientes:

Criterios para el diagnóstico de F40.2 Fobia específica [300.29]

A. Temor acusado y persistente que es excesivo o irracional, desencadenado por la presencia o anticipación de un objeto o situación específicos (p. ej., volar, precipicios, animales, administración de inyecciones, visión de sangre).

B. La exposición al estímulo fóbico provoca casi invariablemente una respuesta inmediata de ansiedad, que puede tomar la forma de una crisis de angustia situacional o más o menos relacionada con una situación determinada. Nota: En los niños la ansiedad puede traducirse en lloros, berrinches, inhibición o abrazos.

C. La persona reconoce que este miedo es excesivo o irracional. Nota: En los niños este reconocimiento puede faltar.

D. La(s) situación(es) fóbica(s) se evitan o se soportan a costa de una intensa ansiedad o malestar.

E. Los comportamientos de evitación, la anticipación ansiosa o el malestar provocados por la(s) situación(es) temida(s) interfieren acusadamente con la rutina normal de la persona, con las relaciones laborales (o académicas) o sociales, o bien provocan un malestar clínicamente significativo.

F. En los menores de 18 años la duración de estos síntomas debe haber sido de 6 meses como mínimo.

G. La ansiedad, las crisis de angustia o los comportamientos de evitación fóbica asociados a objetos o situaciones específicos no pueden explicarse mejor por la presencia de otro trastorno mental, por ejemplo, un trastorno obsesivo-compulsivo (p. ej., miedo a la suciedad en un individuo con ideas obsesivas de contaminación), trastorno por estrés postraumático (p. ej., evitación de estímulos relacionados con un acontecimiento altamente estresante), trastorno de ansiedad por separación (p. ej., evitación de ir a la escuela), fobia social (p. ej., evitación de situaciones sociales por miedo a que resulten embarazosas), trastorno de angustia con agorafobia, o agorafobia sin historia de trastorno de angustia.

Especificar tipo: Tipo animal, Tipo ambiental (p. ej., alturas, tormentas, agua), Tipo sangre-inyecciones-daño, Tipo situacional (p. ej., aviones, ascensores, recintos cerrados), Otros tipos (p. ej., evitación fóbica de situaciones que pueden provocar atragantamiento, vómito o adquisición de una enfermedad; en los niños, evitación de sonidos intensos o personas disfrazadas).

Si bien la presencia de reacciones vasovagales en la fobia dental parece algo establecido, algunas investigaciones discuten la identificación de la fobia dental como fobia del tipo sangre-inyección-daño. Por ejemplo, de Jongh et al. (1998) encontraron que la proporción de pacientes con fobia dental que han tenido episodios de desmayo es similar a la observada entre pacientes con fobia SID (37%). Además, entre los pacientes con fobia dental la proporción de personas con una fobia SID era mayor, en comparación con aquellos que no presentaban fobia dental. No obstante, el solapamiento entre fobia dental y fobia SID no era total, ya que el porcentaje de pacientes con fobia dental que podían clasificarse como pacientes con fobia SID era del 57%. Estos autores concluyen que a pesar de la coincidencia de algunos síntomas y de la existencia de un considerable solapamiento, la fobia dental debería considerarse como un tipo diferente respecto de las fobias SID.

En la misma línea, Locker *et al*. (1997) hallaron que sólo el 16% de los sujetos con ansiedad dental tenían un miedo relacionado con sangre, inyecciones o daño corporal y que un 31.6% de los sujetos que presentaban altos niveles de miedo del tipo SID tenían miedo dental. De nuevo, aunque estos autores constatan la coincidencia de muchos de sus síntomas, concluyen que la contribución del miedo relacionado con sangre, inyección o daño en la ansiedad dental es relativamente pequeña.

3.2. La ansiedad dental en el contexto evolutivo de niños y adolescentes.

Hay numerosos factores que influyen sobre las actuaciones y la conducta de un niño en el gabinete dental (Ripa y Barenie, 2004). Entre ellos, destaca la variada gama de manifestaciones emocionales que los niños presentan. Los pacientes infantiles atendidos por el odontólogo traen consigo una carga emocional, fruto de experiencias propias, de su entorno cercano, de la forma en que evalúa la situación dental, etc., que en ocasiones se relacionan con el miedo, ansiedad y gran preocupación por las sensaciones dolorosas (Castillo, 1996). De hecho, los niños suelen ser más ansiosos y miedosos que los adultos, debido a que están expuestos a experiencias nuevas y desconocidas para ellos (Márquez-Rodríguez *et al*., 2004). El componente madurativo es muy importante en tales reacciones emocionales, ya que éstas se desarrollan paralelamente con su físico y su personalidad.

Es por ello que el odontopediatra debe estar capacitado para reconocer y diferenciar los tipos de emociones que pueden presentarse según la fase de maduración en que se encuentre el niño, así como las diferentes características y manifestaciones de éstas en función de la edad. Por ejemplo, los criterios DSM-IV (APA, 1994) para el diagnóstico de fobia específica asumen que en los niños la ansiedad puede manifestarse en forma de lloros, berrinches, inhibición o abrazo, o que en ellos puede faltar el reconocimiento de que su miedo es excesivo o irracional, aspectos relacionados con su desarrollo madurativo. Por este motivo, es necesario un conocimiento de la evolución psicológica y emocional del niño, así como el entrenamiento para realizar el manejo de conducta indicado para las mismas (Soto y Reyes, 2005). El éxito de la práctica odontológica en niños no depende sólo de las habilidades técnicas del odontólogo, sino también de su capacidad para lograr y mantener la cooperación del paciente (Ripa y Barenie, 2004).

El desarrollo de un niño es una combinación de la genética, la maduración y las influencias ambientales. A continuación, se describirán brevemente las diferentes etapas evolutivas del niño y los miedos característicos destacados en cada edad.

A) Del nacimiento a los dos años.- los niños son incapaces de razonar y presentan una dependencia absoluta de los padres. A los 6 meses comienzan a reconocer caras familiares y a partir del año aumentan las capacidades motoras.

B) De los dos a los tres años.- mejora el desarrollo motor, el lenguaje, son inflexibles, exigentes y expresan las emociones de forma violenta. El niño va descubriendo el mundo que le rodea y sus padres contribuyen a desarrollar su sentido de la seguridad (Barberia *et al.*, 2001; Rantavouri, 2008). En esta etapa, el niño experimenta miedo a la separación de sus padres y temor a los extraños. Estos temores son de interés para el odontólogo que los atiende, sabiendo que hasta los 3 años el padre, madre o tutor deben estar con el niño en el gabinete dental durante el tratamiento. No obstante, esta recomendación debe tomarse con cautela, ya que como ha señalado Pérez *et al.*

(2002), en niños entre 2 y 4 años, la ansiedad de la madre en el momento de la consulta es uno de los factores que más influyen en la aparición del miedo al tratamiento estomatológico. En lo que se refiere a la atención en el gabinete dental, las reacciones de los padres son decisivas para los niños de esta edad a la hora de determinar si una situación es segura o potencialmente amenazante.

C) De los tres a los cuatro años.- la comprensión del habla es mayor, es la edad de la imitación, pueden separarse de sus padres y obedecen órdenes sencillas (Barberia *et al.*, 2001).

D) De los cuatro a los seis años.- los niños presentan conducta inestable y fácil pérdida del control. Es una edad en la que se desarrolla la curiosidad y se puede razonar con ellos (Barberia *et al.*, 2001). A este rango de edad se le denomina etapa preescolar. El niño comienza a adquirir habilidades, pero su capacidad intelectual está limitada. Presenta una gran imaginación y fantasías que irá eliminando con la experiencia, por lo que el profesional debe manejar este aspecto fantasioso para facilitar el grado de aceptación del tratamiento dental (Rantavouri, 2008).

E) De los seis a los ocho años.- los niños experimentan cambios frecuentes de humor, aceptan mal las críticas y los castigos. Es una etapa en la pueden ser muy exigentes consigo mismos, a la vez que comienzan a separarse de los padres y a menudo los consideran injustos. En esta edad, los pacientes odontopediátricos tratan de cooperar por su deseo de aprobación y tienen temor a las lesiones corporales (Boj, Cortés y Muñoz, 2010). Sus miedos son más específicos, por ejemplo, lo que más temen es sentir dolor, seguido de la sensación de no ser capaz de respirar, la turbina y los instrumentos que el odontólogo introduce en la boca (Rantavouri, 2008).

F) De los nueve a los doce años.- los preadolescentes se tornan muy independientes, desarrollando más interés en los amigos que en los padres, y aumentando su interés en asumir responsabilidades. Al igual que en la edad anterior, el estímulo que más miedo les provoca es la posibilidad de sentir dolor, seguido por la sensación de no poder respirar y la anestesia local (Rantavouri, 2008).

G) De los doce a los dieciséis años.- se trata de una época conflictiva para el adolescente, con grandes transformaciones corporales, en la que tiene lugar el despertar de las atracciones sexuales. En esta etapa madurativa pueden aparecer reacciones emocionales intensas, pensamientos con alteración de la realidad, carácter lábil y rebelde, inconformismo, y una motivación por la búsqueda de la identidad, pero –a la vez- el adolescente tiene miedo a sentirse etiquetado como diferente (Barberia *et al.*, 2001). En relación con la ansiedad dental, esta edad está caracterizada por el miedo al dolor, seguido de la turbina y de la anestesia local (Rantavouri, 2008).

En general se puede decir que, en los niños, a edades más tempranas, el miedo es más abstracto, temen más el ser explorado por el odontólogo, que en definitiva es una persona "extraña" y sienten un temor indiferenciado ante el tratamiento odontológico en general. Sin embargo, a edades mayores el objeto temido se vuelve más concreto e incluso físico, destacando el miedo ante el tratamiento de dientes cariados, la inyección de la anestesia local, el sonido de la turbina y el posible dolor o el daño físico ocasionado por ese tratamiento odontológico. Así mismo, en la preadolescencia y adolescencia el miedo dental puede adquirir un marcado componente interpersonal, uniéndose a emociones "sociales" como pueden ser la vergüenza, el temor a ser criticado por el odontólogo o la preocupación ante el rechazo por posibles tratamientos –como los tratamientos de ortodoncia- que puedan tener un impacto temporal sobre la estética personal.

Tal y como han señalado Klingberg y Broberg (2007), presumiblemente la mayoría de estos miedos con el paso de la edad disminuyen o desaparecen debido al desarrollo de habilidades cognitivas y de afrontamiento, que proporcionan al niño la capacidad de control y superación de la situación, así como formas más adecuadas de expresar el miedo. Además, en gran parte de la población infantil, el miedo dental tiende a disminuir cuando se va adquiriendo una mayor experiencia de visitas dentales, como el hábito de acudir al dentista a revisiones periódicas, que provoca la habituación a la situación dental. Sin embargo, en un porcentaje pequeño de niños, el miedo persistirá en la edad adulta y se convertirá en crónico. Como se recoge en el DSM-IV (APA, 1994) en muchas ocasiones las fobias específicas en adultos son arrastradas por el paciente desde la mediana infancia.

4

Etiología de la ansiedad dental en niños y adolescentes

Los factores que se han asociado al origen y mantenimiento del miedo dental en niños y adolescentes son variados. Incluyen características sociodemográficas como el género, la edad o el nivel socioeducativo en que se encuentra inserto el niño; elementos de tipo biológico, como la posible vulnerabilidad genética del paciente con miedo dental; características de personalidad del niño, como la tendencia al neuroticismo, a experimentar emociones negativas o a la ansiedad-rasgo; aspectos psicosociales, como el posible contagio emocional del miedo dental entre miembros de la familia o la relación con el dentista; las experiencias dentales previas, los tratamientos recibidos y el historial de visitas al dentista; y finalmente, la manera en que el niño evalúa la situación dental, especialmente en lo referente a su grado de amenaza potencial.

A continuación se presentan las conclusiones más relevantes a las que ha llegado la investigación previa sobre estas variables.

4.1. Variables sociodemográficas relacionadas con el miedo dental.

Edad.- Como han encontrado Berggren y Meynert (1984), la infancia (hasta los 14 años) puede llegar a ser el momento de inicio del miedo dental hasta en el 85,3% de los casos de pacientes que presentan este problema. Ahora bien, cabe la posibilidad de que, tal y como señalan Fernández y Gil (1991), este hecho esté más relacionado con la experiencia dental de los sujetos que con la edad, y que las conductas de miedo y evitación tengan su origen en la infancia por coincidir con las primeras experiencias dentales.

Según Correa (1998), los niños hasta los 3 ó 4 años experimentan más miedo debido a factores tales como la inmadurez en el estado de desarrollo cognoscitivo o la ansiedad de separación de la madre y la ansiedad delante de extraños, que son parte del repertorio de miedos específicos o peculiares de los primeros años del niño. Klatchoian (1993) por su parte, señala que el miedo odontológico, como cualquier otro miedo infantil, está probablemente determinado por factores situacionales inespecíficos que tienden a disminuir con el aumento de la edad y de la madurez. Así, tanto el grado de madurez del niño como los rasgos básicos de su personalidad y el estado de ansiedad derivado de esas características, contribuyen a determinar el tipo de comportamiento (cooperativo o no) en la consulta.

No obstante, como se mencionó anteriormente, a día de hoy, no existe un consenso entre los autores respecto a la incidencia de la variable edad, aunque sí parece claro que el proceso madurativo moldea, al menos, la forma en que el temor dental se manifiesta.

Asimismo, el tipo de estímulos temidos en las situaciones dentales también parece variar según la edad. En este sentido, Rantavuori *et al.*, (2009) han encontrado que el dolor que puede causar el tratamiento dental es el mayor temor para los niños de 9, 15 y 16 años, y el segundo mayor temor para los niños de 6 años. Para este grupo de edad, la mayor fuente de miedo era la introducción de instrumental en la boca, aunque seguido muy de cerca por el miedo al dolor. En general, la turbina y su sonido, la anestesia local y el dolor eran estímulos que los niños más mayores temían más que los pequeños. Los niños pequeños, por su parte, manifestaban niveles de miedo más altos que los niños mayores en relación con mantener la boca abierta, el dentista, las succiones en la boca, o las limpiezas de los dientes realizadas por el profesional. Otros temores, como el ser incapaz de respirar, parecían generar una ansiedad similar independientemente de la edad del niño.

Género.- Otro factor que parece influir en el miedo dental es el género. No obstante, existen datos contradictorios acerca de esta variable.

En general, parece que las niñas (Chellapah *et al.*, 1990; Bedi *et al.*, 1992) tienen mayor ansiedad dental que los niños, pero existen pocos estudios que se centren de manera específica en el análisis de las diferencias de género y que traten de explicar a qué pueden obedecer éstas. Por ejemplo, algunos autores sugieren que las diferencias en cuanto al género en la ansiedad dental están asociadas a factores culturales y pautas sociales (Winer, 1982), es decir, las niñas pueden sentirse más libres para expresar sus miedos dentales sin temor a sentirse etiquetadas y, por tanto, admiten sus miedos con mayor facilidad.

Otras explicaciones se refieren a posibles diferencias de género en el procesamiento neurológico de la información emocional (Domes *et al.*, 2010) sugiriendo, pues, una base biológica. En una línea similar, las diferencias en la reactividad fisiológica de hombres y mujeres que se aprecian en la activación del sistema nervioso y en la respuesta hormonal, podrían ser elementos implicados en su experiencia emocional. También, van Wijk y Kolk (1997) señalaron que las mujeres tienden a prestar más atención a sus sensaciones corporales y que la combinación de esto con una mayor tendencia a la afectividad negativa propiciaría un nivel mayor de estrés asociado a problemas de salud en las mujeres. Sin embargo, estas posibles explicaciones aún se mueven en el terreno de las posibles hipótesis, no habiendo sido contrastadas suficientemente aún en población infantil, ni en relación con el caso específico del miedo dental.

En términos de ansiedad general, la primera infancia parece marcar un periodo de creciente vulnerabilidad en la ansiedad excesiva en niñas. Además, las niñas se caracterizan por presentar mayor afectividad negativa que los niños, factor fuertemente vinculado con la ansiedad. En la población infantil, por tanto, parece que las niñas tienen más probabilidades que los niños de experimentar cualquier trastorno de ansiedad (Sandín, 1997; Valiente *et al.*, 2002; Costello *et al.*, 2003).

En relación con la atención odontológica, otra diferencia respecto al género es la asistencia a revisiones periódicas. A pesar de que el sexo femenino presente en general mayor ansiedad dental, también cumple con mayor rigurosidad sus revisiones periódicas. No obstante, esto no significa que el miedo dental no afecte también a la frecuencia de visitas dentales entre las mujeres. De hecho, se ha encontrado que en el sexo femenino el incumplimiento de las citas odontológicas se halla muy influenciado por ansiedad y miedo al dolor, mientras que en el sexo masculino se debe con mayor frecuencia al olvido de la cita (Skaret *et al.*, 2003).

Finalmente, también se han encontrado diferencias de género en relación con la calidad de vida asociada a la condición de salud oral. En concreto, las mujeres tienden a experimentar mayores impactos en su calidad de vida asociada a la salud oral (Mason *et al*., 2006; Kumar *et al*., 2009). Entre los niños, también se han obtenido resultados en esta línea. Así, se ha encontrado que las niñas se ven más afectadas en su bienestar emocional por problemas de salud oral que los niños (Foster-Page *et al*., 2005; Locker, 2007). Esto es particularmente interesante, ya que además se han encontrado asociaciones entre el miedo dental y la calidad de vida asociada a la condición oral tanto en adultos como en niños (McGrath y Bedi, 2004; Mehrstedt *et al*., 2007; Pohjola *et al*., 2009; Kumar *et al*., 2009). De manera reseñable, un estudio realizado por Luoto *et al*., (2009) obtuvo que los niños con mayor nivel de miedo dental evaluaban peor su calidad de vida asociada a la salud oral, y más concretamente, las dimensiones de bienestar emocional y social.

En esta línea, Carrillo-Díaz, Crego y Romero (2012) han analizado la presencia de diferencias de género en relación con el bienestar emocional asociado a la condición oral, relacionando además estas dos variables con el miedo dental infantil. En concreto, en su estudio observaron que el miedo dental es mayor entre las niñas que entre los niños, pero que además, en las niñas el miedo dental se asocia con mayor fuerza a un empobrecimiento del bienestar emocional asociado a la condición oral. Estos resultados van en la línea de otros en los que se ha encontrado que las niñas experimentarían mayores problemas en su bienestar emocional como consecuencia de su condición oral percibida (Foster-Page *et al*., 2005; Locker, 2007), pero además representan una ampliación de los encontrados por Luoto *et al*., (2009) sobre la asociación entre miedo dental y bienestar emocional asociado a la condición oral en niños, aportando la idea de que tal relación está moderada por factores de género.

En otro estudio Carrillo-Díaz, Crego, Armfield y Romero (2012c) hallaron que las niñas tenían las mismas expectativas sobre la probabilidad de que ocurriera un evento dental negativo que los niños; pero diferían, sin embargo, en que las niñas pensaban que en el caso de que ocurriese algo negativo en el dentista, esto sería mucho peor. Por tanto, destacaba un pensamiento mucho más catastrofista en las niñas que en los niños, resultados que era semejantes a los obtenidos por Kent (1985) en población adulta.

Todo ello lleva a formular una importante consideración de cara a la prevención del miedo dental y los problemas que a él se asocian, y es que las niñas deberían ser identificadas como un grupo de riesgo en lo que respecta a la ansiedad dental y los impactos del estado bucodental sobre su calidad de vida.

Grado de escolaridad y nivel socioeconómico.- Algunos estudios han analizado la relación entre el grado de escolaridad de los pacientes con sus manifestaciones de miedo dental. Al establecer esta asociación, se encuentra que las personas con más educación evidencian menos respuestas de ansiedad (Rowe, 2005). Vinculado a este aspecto cabe destacar el nivel socioeconómico, que podría constituirse como una potencial barrera al adecuado acceso a los servicios odontológicos, contribuyendo así al incremento del nivel de ansiedad dental (Doerr *et al.*, 1998). En cuanto a la posible relación entre niveles de ansiedad dental y clase socioeconómica a la que pertenece el niño no existe diferencia significativa, aunque sí las hay cuando se compara el grado de ansiedad con factores sociales (problemas familiares, drogadicción, etc.) y con su origen étnico (García y García, 2001; Márquez-Rodríguez *et al.*, 2005).

4.2. Vulnerabilidad genética y miedo dental.

Los factores genéticos se han relacionado con la sensibilidad a la ansiedad y con otros factores de riesgo en la ansiedad como el neuroticismo. En esta línea, Ray *et al*. (2010) realizaron un estudio sobre 2000 gemelos, concluyendo que sus resultados aportaban evidencia empírica para la hipótesis de la heredabilidad del miedo dental. Además, según estos autores, la heredabilidad del miedo dental era mayor entre las niñas que los niños.

4.3. La personalidad del niño o adolescente y la ansiedad dental.

La personalidad del niño es un factor que influye de manera notable en el estado emocional y la actitud con la que se enfrenta un individuo a la primera visita dental (Lee, Chang y Huang, 2008). Así, Thomson, Locker y Poulton (2000) afirman que los rasgos psicológicos, el temperamento o la personalidad podrían ser responsables de la ansiedad dental. Estudios previos han constatado que la ansiedad dental frecuentemente presenta comorbilidad con otros trastornos de ansiedad, entre los que destaca el trastorno de ansiedad generalizada, los trastornos del estado de ánimo y algunos problemas psiquiátricos.

En cuanto a las características de personalidad asociadas al miedo dental, se ha apuntado principalmente al rasgo de neuroticismo y a la alta emocionalidad negativa del paciente (Hägglin *et al.*, 2001). También los pacientes que experimentan frecuentemente la emoción de vergüenza tienden a evitar sonreír para no mostrar sus dientes y se tapan la boca jugando con la posición de la cabeza, las manos y los labios, lo que afecta a su grado de adaptación social (Moore, Brødsgaard y Rosenberg, 2004).

La ansiedad dental se presenta además, en ocasiones, asociada a otras problemáticas relacionadas con el carácter y la personalidad. Por ejemplo, Moore, Brødsgaard y Rosenberg (2004) hallaron que un gran porcentaje de los sujetos con ansiedad dental manifestaba problemas de autoestima, se autocastigaba y en algunos casos presentaba cambios de personalidad.

En el caso concreto de la atención odontopediátrica, la impulsividad del niño se ha señalado como uno de los factores predisponentes del miedo dental, el rechazo del tratamiento dental y el desarrollo de agresividad en el gabinete odontológico. Igualmente, la presencia de altos niveles de ansiedad-rasgo podría ser un factor predisponente a sufrir miedo o ansiedad ante situaciones odontológicas (Lago-Méndez *et al.*, 2006).

4.4. Experiencias dentales y médicas previas y ansiedad dental.

La historia de visitas dentales y las experiencias en el dentista, en especial los tratamientos recibidos, pueden afectar al nivel de miedo dental de los niños. Como se verá más adelante, estas experiencias pueden estar implicadas en el origen de la ansiedad o en el miedo dental infantil a través de procesos de aprendizaje como el condicionamiento clásico. De la misma forma, las experiencias médicas previas –no necesariamente relacionadas con aspectos dentales- parecen afectar también al desarrollo del miedo dental.

La frecuencia y el número de visitas dentales parecen guardar una estrecha relación con el miedo dental, ya que la ansiedad es mayor en niños sin experiencias dentales previas, y la frecuencia de visitas es menor entre aquellos niños con mayor nivel de ansiedad (Grembowski y Milgrom, 2000). Más allá de la frecuencia de visitas al dentista, un aspecto que incide en el desarrollo del miedo dental parece ser el contenido y modo en que transcurre la visita dental. En este sentido, se ha estudiado el posible papel que juegan los tratamientos recibidos en el desarrollo del miedo dental y las características de la interacción paciente-odontopediatra.

En relación a la influencia de los tratamientos recibidos cabe destacar la relación existente entre obturaciones y ansiedad dental. Los niños con obturaciones presentan menor ansiedad dental que aquellos que no han recibido ningún tratamiento dental (Nicolas, 2010). Por el contrario, otros estudios no han encontrado ninguna relación estadísticamente significativa entre estas dos variables (Townend, Dimigen y Fung, 2000; Ten Berge, Veerkamp y Hoogstraten, 2002; Karjalainen *et al.*, 2003; Milson *et al.*, 2003). Los resultados parecen ser más consistentes en lo que respecta a las extracciones y la ansiedad dental. Numerosas investigaciones han identificado este tratamiento como un factor predictor de ansiedad dental infantil (Milgrom *et al.*, 1995; Ten Berge, Veerkamp y Hoogstraten, 2002; Karjalainen *et al.*, 2003; Milson *et al.*, 2003). Sin embargo, Ten Berge advierte que la relación aunque es significativa parece débil, por ello, este autor defiende que la adquisición de miedo dental no depende directamente del tratamiento sino de la percepción subjetiva del niño sobre ese tratamiento.

Oosterink *et al.* (2008) desarrollaron empíricamente una jerarquía de estímulos presentes en contextos dentales en función de su valencia ansiógena, concluyendo que los estímulos de tipo invasivo, como son los implicados en procedimientos quirúrgicos, tienen una mayor capacidad de provocar la presencia de miedo dental.

La interacción paciente-dentista también influye en el origen de la ansiedad dental. Según Doerr *et al.* (1998), uno de los elementos destacados por la población como desencadenante de ansiedad dental es la percepción de una actitud negativa por parte del dentista, el enfado del odontólogo o escuchar comentarios desagradables por parte de éste, acerca del estado de salud bucodental del paciente. Krochali (1993) añade como factores etiológicos de miedo dental las representaciones negativas de los odontólogos en los medios de comunicación de masas, la sensación de despersonalización en el proceso de atención dental, que se ve intensificada por el empleo generalizado de barreras e indumentarias de protección imprescindibles para el odontólogo durante el tratamiento dental, y el miedo general a lo desconocido.

Como se ha comentado anteriormente, varios autores han apuntado la existencia de un círculo vicioso de la ansiedad, según el cual, la evitación de las visitas al dentista estaría motivada por la vergüenza que experimenta el paciente ante la posible evaluación negativa del profesional por descuidar el cuidado bucodental. Los pacientes podrían sentirse avergonzados o incluso culpables por su estado de salud y retrasar cada vez más la visita al dentista, lo que acrecentaría el problema de salud oral y también el temor a la crítica y el sentimiento de culpa (Berggren, 2001; Moore, Brødsgaard y Rosenberg, 2004).

Por todo ello, es necesario que el profesional tenga la adecuada formación en habilidades sociales y de comunicación para el trato con el paciente, el control del estrés y la agresividad, y el entrenamiento en el manejo de contingencias de reforzamiento positivo.

Como se avanzó anteriormente, las experiencias médicas previas, no directamente relacionadas con la atención odontológica, también juegan un papel en el miedo dental. Las experiencias médicas, como pueden ser procedimientos quirúrgicos especialmente confinados al área de la cabeza (amígdalas, oído, cráneo, nariz…), condicionan la conducta principalmente en la primera visita, debido a la asociación que los niños hacen del tratamiento odontológico con tales experiencias. El uso por parte del odontólogo de uniformes, mascarillas y el hecho de necesitar tratamiento en una zona cercana a la del procedimiento médico anterior actúan como estímulos que elicitan el recuerdo de esos episodios de intervención (Boj, Cortés y Muñoz, 2010). Los estudios realizados por Pérez *et al.* (2002) y Trina (2005) confirman que la presentación de ansiedad al tratamiento odontológico está relacionada con experiencias previas en los servicios de salud.

4.5. Aspectos psicosociales implicados en el miedo dental infantil: contagio emocional del miedo dental en la familia.

El contagio emocional de padres a hijos ha sido de gran interés para numerosos investigadores y clínicos. La influencia de la ansiedad dental de los padres, y especialmente de la madre ha sido estudiada durante más de un siglo (Themessl-Huber *et al.*, 2010). Sin embargo, en la actualidad, existen datos contradictorios acerca del contagio emocional de la ansiedad dental entre padres e hijos. Algunos autores defienden que la transferencia del miedo dental de padres a hijos no es un factor significativo, comparándolo con otras variables cuya influencia es clara (Klaassen, Veerkamp y Hoogstraten, 2003); pero, por otro lado, existen investigaciones que avalan la importancia de la ansiedad dental parental en la etiología del miedo dental en la población infantil (Wright, Alpern y Leake, 1973; Holst *et al.*, 1988).

La actuación de los padres, en términos de capacidad de permitir a su hijo que afronte el miedo dental en situaciones como el tratamiento odontológico, es uno de los factores más importantes a la hora de que el niño aprenda a enfrentarse a situaciones potencialmente aversivas. Es fundamental que el comportamiento de los padres y su interacción con el hijo sea positivo, coherente y que prime una educación sana para que el niño desarrolle una capacidad adecuada para hacer frente y sepa controlarse durante un tratamiento odontológico (Freeman, 2007). Los padres deben enseñar a sus hijos que la odontología no debe ser temida y nunca debe utilizarse la misma como un castigo o una amenaza (por ejemplo, "si no te lavas los dientes tendrás que ir al dentista").

Por otra parte, existe una asociación evidente entre la sobreprotección de los padres y la ansiedad del niño. Al limitar al niño a exponerse frente una amplia gama de experiencias, los padres transmiten a los niños que el mundo es seguro pero les limitan la capacidad de desarrollar habilidades de afrontamiento y el sentido de la propia competencia para lograr los retos. Con esta actitud de sobreprotección fomentan en los niños que su capacidad de afrontamiento esté dirigida hacia la evitación del suceso (Boj, Cortés y Muñoz, 2010).

El contagio emocional también parece estar modulado por la edad del niño. Algunos estudios sugieren que la influencia parental en la ansiedad dental se limita a niños menores de 8 años (Bailey, Talbot y Taylor, 1973; Wright, Alpern y Leake, 1973) y otras investigaciones difieren en este punto y especifican que el nivel de desarrollo psicológico es un mejor indicador que la edad cronológica del niño (Wright, Lucas y McMurray, 1980).

La existencia de procesos interpersonales y los mecanismos relacionados con la transferencia de las emociones, como el miedo, han sido ampliamente revisados en la literatura psicológica (Hatfield, Cacioppo y Rapson, 1993; Hatfield, Cacioppo y Rapson, 1994). Los resultados de diversas investigaciones apoyan también la existencia de un patrón de contagio familiar en el miedo dental. En este sentido, Versloot *et al.* (2010) sugieren que la capacidad del niño para hacer frente a un tratamiento dental no sólo depende del grado de desarrollo psicológico y cognitivo del niño, sino también de la ausencia de ansiedad de los padres. En concreto, se ha demostrado que se puede predecir el comportamiento del niño en el gabinete dental por la actitud que tiene la madre hacia el cuidado de la salud bucodental y la atención odontológica. El nivel de miedo de la madre, así como la expresión de ese temor, contribuye a la ansiedad del niño. La justificación de esta influencia se puede basar en el proceso de aprendizaje social, que está tradicionalmente más vinculado a la madre, o también a que las madres son las que en mayor porcentaje acompañan a sus hijos al dentista en comparación con los padres. En situaciones de incertidumbre o desconocidas, como puede ser la visita al dentista, el niño buscaría información emocional en su cuidador -siendo en la mayoría de los casos su madre- para poder evaluar la situación (Marks, 1987). Este proceso de búsqueda de un referente social quedó ejemplificado en la investigación de Klinnert *et al.*, (1983), quienes colocaron en un acantilado visual de 30 cm a niños de 1 año, situándose sus madres al otro lado. El resultado fue que cuando las madres que mostraban una actitud de tensión y temor, sus hijos mostraron miedo y ninguno de ellos cruzó el acantilado. Sin embargo, cuando las madres mostraron apoyo, alegría e interés para que su hijo lograra cruzar el acantilado, la mayoría de niños se decidía a cruzarlo. Aunque se trata de un ámbito diferente al del miedo dental, este experimento es ilustrativo de la influencia de las emociones de la madre en la conducta de su hijo.

Como conclusión, los niños pequeños que ven a su madre reaccionar con miedo a diferentes estímulos, asimilan esta información emocional y desarrollan mayores niveles de miedo (Muris *et al.*, 1996).

Respecto a los datos anteriores cabría plantearse una pregunta: si los niños están más influenciados por su madre debido al proceso de aprendizaje social o es que, simplemente, no se ha estudiado lo suficiente el rol del padre en el contagio emocional.

Bögels y Phares (2008) estudiaron el papel del padre en la etiología de la ansiedad del niño y llegaron a la conclusión de que los padres juegan un rol diferente al de la madre. Según estos autores, los niños parecen poner mayor peso en las respuestas del padre que en las respuestas de la madre frente a las posibles amenazas, con el fin de decidir si la situación es peligrosa, o si se debe evitar, lo que se relacionará con el desarrollo de la ansiedad posterior. En la misma línea, en un estudio realizado en el ámbito de la Comunidad de Madrid con una muestra de niños de entre 7 y 12 años se encontró que el nivel del miedo dental del padre desempeñaba un papel clave en la transmisión del miedo dental de la madre a su hijo. En este estudio, se comprobó que los niveles de miedo dental del padre, madre e hijos estaban significativamente correlacionados de manera positiva, y que, además, el nivel de miedo dental del padre mediaba la relación entre el miedo de la madre y el hijo (Lara, Crego y Romero-Maroto, 2012). En este sentido, también Rantavuori (2008) ha concluido que en los niños menores de 12 años de edad, el miedo dental de su padre es uno de los mejores indicadores del potencial de miedo dental en los niños.

En otro estudio, realizado por Ten Berge, Veerkamp y Hoogstraten (2002), se obtuvieron datos que relacionaban la influencia de la actitud parental en el miedo dental de los niños. Se verificó que los niños con menor ansiedad dental mostraban una mejor adaptación y actitud en el gabinete dental debido a la motivación recibida por sus padres. Sin embargo, los padres de niños con mayor ansiedad dental referían que sus hijos eran más asustadizos en general y que, el problema no estaba relacionado con ellos sino con factores externos que ellos no podían controlar.

La observación clínica odontológica permite afirmar que a pesar de que los niños sean más asustadizos, sus padres, de manera no intencionada, les pueden contagiar su miedo dental. Es muy común que, una vez terminado el tratamiento odontológico, el niño salga a la sala de espera buscando el apoyo familiar y los padres les reciban con conductas protectoras como abrazos y caricias y preguntas sobre el posible dolor experimentado o el daño que ha podido causar el odontólogo. Es conveniente por parte del odontopediatra informarles que esa actuación no es correcta, ya que con esa conducta se transmite al niño que los tratamientos odontológicos son dolorosos y evidentemente, se retroalimenta su ansiedad dental. Por ello, puede ser interesante también que las acciones preventivas del miedo dental se orienten hacia la promoción de conductas adecuadas en el marco familiar, siendo necesario educar y motivar a padres con ansiedad dental para romper el ciclo de miedo en la familia y así minimizar el contagio emocional de padres a hijos.

En otro orden de cosas, hay investigaciones que señalan que la presencia de problemas familiares, conflictos o situaciones de abuso sexual físico o psicológico pueden promover la aparición del miedo dental en los niños. Por tanto, dichos aspectos habrán de ser considerados también en la posible etiología de la ansiedad dental infantil (Pérez *et al.*, 2002; Trina, 2005).

4.6. Elementos cognitivos presentes en la ansiedad dental.

Son múltiples los elementos cognitivos que se han identificado en el procesamiento ansiógeno de la información ante una situación dental, tales como sesgos en el procesamiento de la información, expectativas desproporcionadas sobre la amenaza percibida, o evaluaciones de falta de controlabilidad o predecibilidad de la situación dental, entre otros. De una u otra forma, estos elementos cognitivos acabarían teniendo relación con la percepción de que la situación dental conllevaría un peligro o amenaza potencial para la que no se cuentan con recursos de afrontamiento.

En relación con los sesgos cognitivos de interpretación y las distorsiones cognitivas (Kent, 1985; Arntz, van Eck y Heumans, 1990), se ha señalado que los pacientes con miedo dental tienden a sobrestimar la probabilidad de que ocurra algo negativo durante los tratamientos odontológicos, manifestándose igualmente una tendencia a sobrestimar el coste de cualquier evento aversivo que pudiera darse. Estos sujetos cometen frecuentemente la distorsión cognitiva de "catastrofización", consistente en anticipar de manera desproporcionada que la situación dental arrojará consecuencias aversivas para ellos.

Por otra parte, en la ansiedad dental también estarían operando sesgos atencionales (Johnsen *et al*., 2003), como por ejemplo, las reacciones de preocupación/ rumiación de pensamientos, que se pueden manifestar como invasividad del pensamiento ansiógeno, o que pueden llevar a la hipervigilancia ante un daño o amenaza anticipados, como otras de las características del procesamiento de la información realizado por pacientes con miedo dental.

Los sesgos implicados en la ansiedad dental también afectarían a la memoria. Aunque no existen resultados concluyentes al respecto, los datos parecen apuntar a una mayor saliencia del recuerdo de experiencias dentales aversivas previas entre pacientes con miedo dental.

Un grupo de factores cognitivos que ha sido ampliamente analizado son las percepciones de control en la situación dental y atribuciones de causalidad. Por ejemplo, Milgrom *et al*., (1985) han señalado que la sensación de control personal limitado ante una experiencia dental aversiva es uno de los predictores significativos del desarrollo de miedo dental (Logan *et al*., 1991). Por otra parte, las atribuciones de causalidad (explicaciones que el paciente da a los eventos que ocurren en la situación dental) también estarían implicadas en la aparición del miedo, por ejemplo, cuando el dolor experimentado se atribuye a la intencionalidad del dentista.

En cuanto al contenido de las cogniciones ansiógeneas, éste se caracteriza por pensamientos que suponen una evaluación negativa de las situaciones dentales (Wardle, 1984; De Jongh y ter Horst, 1993; De Jongh *et al.*, 1995a; De Jongh y ter Horst, 1995d), especialmente en lo referido al dentista (p.ej. creer que no es un buen profesional, que tiene escasa habilidad técnica, o que no es una persona empática), al tratamiento (p.ej. expectativas de dolor, daño o error) o a la propia respuesta del paciente (p.ej. vergüenza ante la auto-culpabilización por el mal estado de salud bucodental, creencia de que uno va a perder el control o va desmayarse, etc). En este sentido, es frecuente entre los pacientes con ansiedad dental la asimilación de estereotipos o informaciones negativas sobre el dentista y las experiencias dentales, por ejemplo, transmitidas a través de medios de comunicación, productos culturales, etc., que conforman una imagen aversiva del profesional odontológico.

Finalmente, junto a la predisposición a un estilo de pensamiento que algunos autores han denominado como "pesimismo dental" (Wardle, 1984), parece que en el mantenimiento de la ansiedad también intervendría la ausencia de mecanismos cognitivos capaces de contrarrestar la influencia de los pensamientos dentales negativos señalados (Kent y Gibbons, 1987; De Jongh *et al.*, 1996). Por ejemplo, este hecho se manifestaría en la incapacidad para distraerse en una situación dental, debatir pensamientos catastróficos sobre el tratamiento o generar expectativas positivas sobre la intervención odontológica y sus resultados.

No obstante, es necesaria una precisión sobre los elementos cognitivos anteriormente mencionados. La mayoría de los resultados obtenidos sobre el papel de estas variables en el miedo dental provienen de la investigación con personas adultas. El análisis del miedo dental en niños y adolescentes desde una perspectiva cognitiva rara vez se ha llevado a cabo. Sin embargo, tal y como señalan Field *et al.* (2008), el desarrollo de modelos explicativos orientados a la explicación de la ansiedad –en general- en niños supone un importante desafío para la investigación en la actualidad. Si bien los modelos cognitivos suponen un importante avance en la compresión del miedo, es necesario un mayor conocimiento de cómo las cogniciones operan en la ansiedad infantil.

En este sentido, una serie de estudios llevados a cabo por Carrillo-Díaz, Crego, Armfield y Romero (2012 a,b,c) pueden arrojar alguna luz sobre el papel de los aspectos cognitivos en la ansiedad dental infantojuvenil.

En el primer estudio de la serie (Carrillo-Díaz *et al.*, 2012a), los investigadores trataron de contrastar el poder explicativo de las variables cognitivas frente a otros elementos no cognitivos (como las experiencias dentales negativas previas, afectividad negativa, influencias familiares, etc.) que están implicados en el miedo dental. Este estudio se llevó a cabo en población juvenil, con objeto de examinar la aplicabilidad de la perspectiva cognitiva –como marco general- para el análisis de la ansiedad dental. Como conclusión, los autores señalan que la perspectiva cognitiva y, en especial, los componentes del modelo de vulnerabilidad, ofrecen una mayor capacidad para explicar el miedo dental, al menos en población juvenil, que los factores no cognitivos.

En concreto, los resultados de este estudio indicaban que los factores cognitivos son clave en la explicación del miedo dental en población juvenil. Las variables cognitivas, como los niveles de vulnerabilidad cognitiva, que hacen referencia a las percepciones de peligrosidad, impredecibilidad, desagradabilidad e incontrolabilidad que conforman las dimensiones del Modelo de Vulnerabilidad Cognitiva (Armfield, Spencer y Stewart, 2006; Armfield, Slade y Spencer, 2008), los pensamientos dentales negativos o las expectativas sobre las visitas dentales parecen ser capaces de predecir mejor los niveles de miedo dental de una persona que los factores no cognitivos, como son las malas experiencias dentales, el afecto negativo, exposición a personas con miedo dental, etc. Entre las variables no cognitivas que fueron analizadas en este estudio, la única que permaneció como predictor significativo en presencia de las variables cognitivas fue el número de familiares con miedo dental. Más aún, como predictores de la ansiedad, los factores no-cognitivos, lograban explicar tan solo del 2% al 5% de la varianza en las puntuaciones de la escala de ansiedad dental *MDAS*, mientras que los factores cognitivos explicaban entre el 32% y el 52%. Estos resultados iban en la misma línea que los encontrados por Armfield (2010b), quien obtuvo que las percepciones de vulnerabilidad (incontrolabilidad, impredecibilidad, peligrosidad y desagradabilidad) explicaban el 46,3% de la varianza en el miedo dental, mientras que las experiencias dentales explicaban algo menos del 1%. Aún más, los resultados del estudio de Carrillo-Díaz *et al.* (2012a) parecían sugerir una posible relación de mediación de los factores cognitivos en la relación observada entre los factores no-cognitivos y el miedo dental. Así, las relaciones entre variables no-cognitivas (como las experiencias dentales negativas, el afecto negativo o la exposición a personas con miedo dental) y los niveles de ansiedad dental experimentados podrían ser plausiblemente explicadas –total o parcialmente- por el efecto que estas variables tienen sobre los pensamientos de los pacientes. Así por ejemplo, una mala experiencia en el dentista podría desembocar en miedo dental en la medida en que lograse modificar las cogniciones del paciente y hacerle más vulnerable. No obstante, esta hipótesis –como indican los autores- requeriría de investigación adicional.

En el segundo de sus estudios (Carrillo-Díaz *et al.*, 2012b), este equipo analizó si el esquema de vulnerabilidad –que como se ha avanzado incluye percepciones de incontrolabilidad, impredecibilidad, peligrosidad y desagradabilidad ante situaciones dentales- también se podía aplicar a la comprensión de la ansiedad dental en los niños y, además, trataron de encontrar el mecanismo que asocia una autopercepción negativa del estado de salud bucodental con el miedo dental. Los autores concluyeron que, el Modelo de Vulnerabilidad Cognitiva (Armfield, 2006; Armfield, Slade y Spencer, 2008) era aplicable también en la explicación del miedo dental infantil y que una autopercepción negativa del estado de salud oral puede activar el esquema de vulnerabilidad cognitiva conllevando a la ansiedad dental.

En este sentido, los niños que autoevaluaban peor su estado de salud oral también presentaban puntuaciones más altas en las variables de vulnerabilidad cognitiva y de ansiedad dental. Tal y como se puso de manifiesto en esta investigación, las evaluaciones de los niños sobre su estado de salud bucodental parecen activar el esquema de vulnerabilidad cognitiva, y éste a su vez llevaría al desencadenamiento de la respuesta de miedo dental. Por tanto, la vulnerabilidad cognitiva de los niños mediaba la relación entre el estado de salud oral subjetivo y la ansiedad dental.

Finalmente, en un tercer estudio Carrillo-Díaz *et al.* (2012c) investigaron si las experiencias dentales (tratamientos recibidos y frecuencia de visitas al dentista) influyen sobre el miedo dental infantil y sobre los antecedentes cognitivos de este. De manera específica, los autores analizaron el papel de las expectativas sobre la probabilidad de que ocurra algo negativo en la consulta dental y el papel de la percepción de aversividad de los eventos dentales negativos. Según los resultados obtenidos, se concluyó que las expectativas se relacionan con las experiencias dentales y el miedo dental. Sin embargo, no resultó estadísticamente significativa la asociación entre el tipo de tratamiento y el miedo dental, mientras que la asistencia a revisiones periódicas sí aparecía relacionada con una menor ansiedad dental. En la misma línea que un estudio llevado a cabo por Ten Berge, Veerkamp y Hoogstraten (2002), los tratamientos dentales parecen –por tanto- tener menor importancia como predictores de la ansiedad dental, y la clave parece estar en la experiencia subjetiva del paciente, es decir, en cómo piensa y siente acerca de lo ocurrido en las sesiones de tratamiento dental. En concreto, los tratamientos recibidos, obturaciones o extracciones, no tenían una relación directa con el miedo dental de los niños, pero sí con las expectativas de que fuera probable que ocurriese algo negativo en el dentista y con las percepciones sobre la aversividad de tales eventos dentales negativos. Así, haber tenido tratamientos de obturaciones se asociaba a pensar que los eventos dentales negativos son menos probables. Las extracciones, sin embargo, se asociaban a pensar que los eventos dentales negativos son más probables, pero que –de ocurrir- no serían tan aversivos como esperan los niños que no han tenido este tipo de tratamiento.

En definitiva, este tercer estudio de la serie de Carrillo-Díaz *et al.* reincide en la idea de que las experiencias dentales se relacionarían con el miedo dental en la medida en que promueven o inhiben determinados tipos de pensamientos sobre las situaciones dentales. Este estudio, por tanto, también apunta a la aplicabilidad de la perspectiva cognitiva al análisis del miedo dental infantil y, en este caso en concreto, sobre el papel en el mantenimiento del miedo dental que juegan las expectativas que los niños tienen sobre la consulta.

Además, en este estudio se comprobaba una vez más la asociación entre la frecuencia de visitas y la ansiedad dental, pero se ofrecía además una perspectiva cognitiva para el análisis de esta relación. Así, como era esperable, se obtuvo como resultado que a mayor frecuencia de visitas dentales, menos ansiedad dental presentaron los niños. Pero se encontró que una mayor frecuencia de visitas al dentista se asociaba a menores expectativas sobre la probabilidad de que ocurran eventos dentales negativos.

Estos hallazgos eran coherentes con un estudio realizado por Grembowski y Milgrom, (2000) en el que concluyeron que las revisiones periódicas actuaban como medida preventiva para no desarrollar el miedo dental, aunque este autor no tuvo en consideración las variables cognitivas en su estudio. Igualmente, a partir de este tercer estudio de la serie, Carrillo-Díaz *et al.* (2012c) plantean una variante cognitiva de la hipótesis de la inhibición latente (Davey, 1989; Davey, 1992a), según la cual, las visitas previas inocuas podrían influir los pensamientos y expectativas de los pacientes infantiles, afianzando así la idea de que la consulta dental es un entorno en general seguro donde es poco probable que ocurra un evento negativo. De esta forma, en caso de ocurrir una experiencia aversiva, el condicionamiento directo sería más difícil no sólo debido a la historia previa positiva o neutra de exposición al entorno dental, sino por la mayor dificultad para cambiar pensamientos de seguridad, predecibilidad o controlabilidad en otros relacionados con la percepción de vulnerabilidad. Esta hipótesis sugiere, por tanto, una posible vía de investigación cognitiva a realizar en el futuro. Y en cualquier caso, las conclusiones del estudio de Carrillo-Díaz *et al.* (2012c) enfatizan la conveniencia, de cara a la prevención del miedo dental, de que el niño tenga de forma temprana numerosas experiencias dentales no problemáticas, de forma que se pueda desarrollar la percepción de que la consulta dental es un espacio seguro. En definitiva, de cara a la prevención, y en línea con los postulados de la psicología cognitiva, más allá de las experiencias objetivas lo decisivo para el desencadenamiento de las respuestas de ansiedad es el cómo se vivencian subjetivamente tales eventos.

En resumen, aunque faltan muchos aspectos por consensuar relacionados con el miedo dental en la población infantil, sí que parece claramente establecido que la ansiedad dental presenta una etiología multifactorial, en la que cada una de las variables anteriormente expuestas desempeñaría un papel. La ansiedad dental es, además, un fenómeno multidimensional, donde variables biológicas, procesos de aprendizaje, procesos cognitivos y sociales interactúan con la personalidad del niño y otros factores concomitantes (Frazer y Hampson, 1988; Berggren, 1992). En el apartado siguiente, se exponen los mecanismos que la literatura previa ha propuesto para la comprensión de cómo estos elementos están implicados en el miedo y la ansiedad dental.

5

Modelos explicativos del miedo dental

A continuación se presentan una serie de teorías mediante las que se ha tratado de explicar el origen y mantenimiento del miedo dental. Estas aportaciones han enfatizado el papel de elementos de tipo biológico, del aprendizaje -en sus distintas variantes-, y de factores cognitivos en la problemática del miedo y la ansiedad dental.

5.1. Explicaciones biológicas del miedo dental.

Diversas investigaciones han puesto de manifiesto que hay una carga genética importante en los trastornos de ansiedad en general (Boomsma, Busjahn y Peltonen, 2002; Hettema, Neal y Kendler, 2004). En el caso particular del miedo dental, el estudio de autores como Ray *et al*. (2010) también avalaría la presencia de un componente hereditario, como ya se comentó anteriormente. Según este estudio, la heredabilidad del miedo dental sería alta en las niñas y baja en los niños; además, tanto para niños como para niñas, la intensidad del miedo dental estaría altamente correlacionada en gemelos monocigóticos, pero no en los dicigóticos.

Dentro de este bloque de explicaciones del miedo basadas en la biología, se hallarían, además, aquellas que plantean que existe una preparación evolutiva de la respuesta de ansiedad. Una versión del enfoque de preparación biológica que incorpora también el papel del aprendizaje es la que ofrece Seligman (1970, 1971). Según este autor, las fobias surgen de la experiencia de un estímulo inicialmente neutro que aparece en contigüidad temporal con un evento aversivo, es decir, habría un proceso de aprendizaje. Pero este autor añade, además, que los estímulos que se asocian a la respuesta de miedo pueden estar más o menos preparados en términos biológicos para elicitar miedo, de tal forma que sería más fácil o más difícil el condicionamiento del miedo. Así, los estímulos neutros que sin embargo están altamente preparados para el condicionamiento del miedo serían aquellos que en épocas pasadas han poseído importancia biológica para garantizar la supervivencia de la especie.

En la misma línea, enfoques recientes (Öhman y Mineka, 2001) hablan de la posible existencia de un "módulo de miedo" en el repertorio de los organismos, que incluiría un sistema neurocognitivo y comportamental regulador de las reacciones de miedo, dentro del cual la amígdala tiene un papel central.

La existencia de una preparación biológica del miedo, ciertamente, tiene un valor adaptativo para las distintas especies, ya que esta reacción emocional en muchos casos actúa como protección frente a la exposición a amenazas potenciales. Sin embargo, el miedo dental se considera como evolutivamente neutro (Poulton *et al.*, 2000). En este caso, las explicaciones basadas en posibles ventajas evolutivas del miedo parecen difícilmente aplicables, ya que los estímulos dentales presentes en el gabinete –salvo quizá excepcionalmente algunos como el ruido intenso, los objetos punzantes o la visión de sangre- difícilmente han podido ser incorporados en los repertorios innatos de nuestra especie. Por otra parte, en términos de adaptación y supervivencia del organismo, el miedo dental supone una amenaza a la salud del individuo. No obstante, parece innegable que en el desarrollo de cualquier miedo está presente un componente biológico, que si bien por sí sólo puede resultar insuficiente como explicación de las reacciones fóbicas, sí podría interactuar con otros procesos como el aprendizaje.

5.2. Modelos basados en el aprendizaje.

5.2.1. El condicionamiento clásico y la hipótesis de la inhibición latente.

Los principios del condicionamiento clásico de Pavlov (1927) han servido para explicar la adquisición de las fobias desde el estudio original de Watson y Rayner (1920), en el que lograban inducir una fobia animal a un niño de menos de un año, el "pequeño Albert". Mediante este experimento Watson y Rayner emparejaron la presentación de un estímulo incondicionado aversivo (un ruido) con un estímulo inicialmente neutro (una rata). El ruido provocaba en el niño una respuesta incondicionada, no aprendida, de llanto. Tras algunos ensayos de presentación simultánea del ruido y la rata blanca, se comprobó que el pequeño Albert también comenzaba a emitir ante la rata blanca una respuesta similar de llanto, cuando ésta se presentaba de forma aislada sin presencia del ruido. Esta respuesta aprendida ante un estímulo que era inicialmente neutro se denomina respuesta condicionada, mientras que el estímulo que adquiere una nueva carga emocional aprendida (la rata blanca) constituye el estímulo condicionado. Desde entonces, el apoyo a la teoría de que el miedo se adquiere mediante un proceso de condicionamiento clásico ha provenido de varias fuentes.

En primer lugar, los resultados de una multitud de experimentos con animales de laboratorio han demostrado ser consistentes con la teoría del condicionamiento clásico (Rachman, 1977, 1990). Además, en el caso del aprendizaje humano, existen múltiples evidencias (por ejemplo, en personas involucradas en acontecimientos especialmente estresantes como guerras, accidentes, exposición a la violencia, etc) de que las experiencias traumáticas, a menudo, conducen al desarrollo de los temores (Gillespie, 1945).

En el caso particular del miedo dental, el mecanismo del condicionamiento clásico también parece estar operando. Los informes de los propios sujetos indican que, en un gran número de casos, las conductas desadaptativas de miedo y evitación dental surgen tras experiencias desagradables que los sujetos sufren cuando son sometidos a procedimientos odontológicos de distintos tipos (Keiknecht, Klepac y Alexander, 1973; Berggren y Meynert, 1984). En concreto, Öst y Husgahl (1985), encontraron que el 68,6% de las fobias dentales eran debidas a las experiencias traumáticas directamente vividas durante el tratamiento dental por los pacientes. Desde una perspectiva conductual, se ha considerado que en estos casos las respuestas de miedo son respuestas aprendidas, y las experiencias traumáticas o desagradables vividas por los pacientes son consideradas como ensayos de condicionamiento clásico.

Sin embargo, a pesar de que ciertos pacientes sufren tales experiencias durante su tratamiento, no todos desarrollan comportamientos de miedo y evitación que acaben resultando problemáticos. Este hecho ha sido analizado por Davey (1989), que propuso para su explicación la que se conoce como "hipótesis de la inhibición latente". Este autor encontró que un 60% de los sujetos que no mostraban ansiedad ante el tratamiento dental sí referían que en algún momento de sus vidas habían sufrido experiencias traumáticas relacionadas con dicho tratamiento. La clave de este fenómeno parecía estar en que estos individuos sin miedo dental habían sufrido su primera experiencia traumática significativamente más tarde que los sujetos que presentaban miedo dental. Además, en el caso de los pacientes que no habían desarrollado miedo dental, la experiencia traumática sufrida había ocurrido después de haber tenido una historia previa de experiencias dentales favorables o no aversivas. Las experiencias dentales positivas o neutras previas actuarían en este sentido como una especie de "vacuna" contra el miedo dental en caso de que el sujeto sea expuesto a una experiencia dental aversiva, o como lo expresa Davey, se produciría un fenómeno de "inhibición latente". Este fenómeno consiste en el retardo o interferencia en el condicionamiento de un estímulo como consecuencia de la exposición previa del sujeto a dicho estímulo.

Los resultados de algunas investigaciones parecen apuntar en esta misma dirección. Así, los pacientes que reciben diversas sesiones de tratamiento odontológico con el control suficiente del dolor, durante la infancia y la adolescencia, potencian su capacidad de afrontamiento e intensifican la confianza con el dentista, aumentando también el grado de satisfacción con la atención odontológica (Skaret *et al.*, 2005).

Ten berge, Veerkamp y Hoogstraten (2002) analizaron la historia clínica dental de 401 niños de edades comprendidas entre los 5 y los 10 años, encontrando apoyo empírico para la hipótesis de la inhibición latente del miedo dental. En concreto, los niños que presentaban un nivel más bajo de miedo habían asistido a un mayor número de revisiones dentales antes de enfrentarse a su primer tratamiento curativo de carácter invasivo. Estos autores concluyen que posiblemente la capacidad de los niños para afrontar visitas dentales potencialmente ansiógenas se incrementa cuando han tenido una historia previa de sesiones en las que no se practicaron tratamientos invasivos.

Por otra parte, los procesos de habituación y sensibilización también juegan un papel en la respuesta de miedo dental. Los niños que han tenido un mayor número de sesiones de tratamiento podrían ver facilitada la habituación al miedo; es decir, la exposición repetida a determinados estímulos potencialmente ansiógenos haría que éstos perdieran su capacidad de elicitar la respuesta emocional de miedo. En los pacientes con pocas sesiones de tratamiento, sin embargo, ocurriría un efecto de sensibilización ante los estímulos odontológicos, ya que estos pacientes –en caso de tener experiencias aversivas intensas- se ven expuestos a dichos estímulos por un breve lapso de tiempo y de manera intermitente, al acudir irregularmente a la consulta odontológica. Este efecto de sensibilización, además, podría desarrollarse con pocas sesiones de tratamiento, como ha descrito Eysenck (1976).

Por tanto, parece bien establecido en la literatura previa que el mecanismo de condicionamiento clásico está implicado en el origen del miedo dental infantil, pero que las experiencias dentales traumáticas, por sí solas, no bastarían para que una persona desarrollase ansiedad ante los tratamientos. Otras variables, como la historia previa de asistencia a consultas odontológicas o el patrón de visitas dentales, parecen influir en ello y facilitar o dificultar los procesos de condicionamiento. En este sentido, las experiencias positivas sin dolor en el gabinete dental pueden considerarse como una forma de tratamiento preventivo de la ansiedad dental (de Jongh, 1995b).

5.2.2. El condicionamiento operante.

La idea central del condicionamiento operante o instrumental es que el comportamiento del organismo está controlado por las consecuencias que se derivan de su conducta (Skinner, 1938). En concreto, este paradigma establece que si un tipo de respuesta (por ejemplo, una rata de laboratorio que aprieta una palanca) se refuerza (por ejemplo, con una bola de comida) en presencia de un estímulo discriminativo (por ejemplo, luz roja) en el futuro este tipo de respuesta tendrá más probabilidad de ocurrir en presencia de ese estímulo. Entre la respuesta operante y el refuerzo se establece una relación de contingencia y si la respuesta se refuerza repetidamente tenderá a consolidarse, mientras que si no se refuerza tenderá a extinguirse. También puede ocurrir que la conducta no sea "premiada" o simplemente "no-reforzada", sino "castigada"; es decir, que una determinada conducta emitida por el organismo conlleve una consecuencia aversiva para él, lo que también producirá que tal conducta se deje de emitir.

Las formas de reforzamiento o castigo se diferencian, además, en función de que el refuerzo o el castigo tengan lugar mediante la presencia o la ausencia de contingencias positivas o negativas. Así, existirían cuatro posibles situaciones: a) reforzamiento positivo, consistente en que una consecuencia agradable sigue a la emisión de la conducta; b) castigo positivo, mediante el cual el organismo recibe una consecuencia aversiva por emitir determinada conducta; c) reforzamiento negativo, en el que un organismo que está sometido a estimulación aversiva obtiene una consecuencia positiva –el cese, el escape o la evitación de la estimulación aversiva- tras emitir una conducta; y d) castigo negativo, consistente en retirarle al organismo algún estímulo placentero que existía en su entorno, como consecuencia de haber emitido determinada conducta.

En el caso de las respuestas relacionadas con el miedo, el reforzamiento negativo parece jugar un papel central, concretamente en la explicación de las respuestas de escape o evitación ante los estímulos temidos. Cuando se ven expuestas a dichos estímulos, las personas con algún tipo de miedo experimentan reacciones fisiológicas, cognitivas y emocionales que son enormemente aversivas. Una forma de salir de este estado desagradable consiste simplemente en evitar la exposición a los estímulos que lo elicitan, o –en caso de encontrarse uno ya expuesto a ellos- tratar de escapar de la situación. Cuando la "evitación" o el "escape" de la situación temida tienen éxito, el paciente obtiene como consecuencia algo agradable, es decir, se relaja, se libera de la tensión y empieza a experimentar nuevamente sensaciones placenteras. Si bien a corto plazo las consecuencias para el sujeto son percibidas como "positivas", la conducta de escape/evitación a largo plazo contribuye a que los niveles de ansiedad se mantengan elevados, ya que se dificulta la exposición y habituación a los estímulos temidos. Más aún, el paciente aprende que evitar o escapar de los eventos que teme es una conducta que le da "buenos resultados", por lo que tenderá a volver a emitirla en el futuro.

Este proceso de reforzamiento negativo explicaría, por ejemplo, que los pacientes con miedo dental estén menos dispuestos a ir a las consultas dentales, lo que constituye una forma de "evitar" las emociones aversivas que la visita dental le generaría. Del mismo modo, las conductas disruptivas y no-cooperativas de los niños con miedo dental durante las consultas han sido interpretadas en la misma línea, como una manera de "escapar" de la situación aversiva. El problema, como ya se ha avanzado, es que dichas conductas, en caso de tener éxito, contribuyen al mantenimiento del problema, ya que el niño –para reducir su ansiedad- continuará realizando conductas problemáticas en futuras visitas dentales, sin lograr que su nivel de ansiedad dental decrezca mediante la mera habituación o empleando estrategias de afrontamiento más adaptativas. Este mecanismo podría estar, por tanto, en la base de la asociación que diversos autores han encontrado entre ansiedad dental y problemas de conducta durante la consulta odontológica en niños y adolescentes (Holst y Crossner, 1987; Baier *et al.*, 2004; Klingberg y Broberg, 2007).

5.2.3. La Teoría Bifactorial de Mowrer.

La teoría bifactorial de Mowrer (1939) integra los procesos de aprendizaje mediante condicionamiento clásico y operante en la explicación del origen y mantenimiento de las fobias. Para explicar la conducta fóbica, la teoría de Mowrer sostiene que la ansiedad se adquiere mediante procesos de condicionamiento clásico (primer factor), pero se mantiene por medio de procesos de condicionamiento operante (segundo factor). La ansiedad activaría respuestas de evitación que resultarían reforzantes, al producir un alivio de la ansiedad, pero que impedirían también que el proceso de habituación se llevara a cabo.

En el caso del miedo dental, McNeil *et al.* (2006) han propuesto una interesante aplicación de la teoría de Mowrer. Según estos autores, en la situación dental el paciente está expuesto a estímulos como sonidos, imágenes y olores que están presentes en el gabinete, por ejemplo, el sillón, el sonido de la turbina o el olor característico de la clínica. Estos estímulos (estímulos condicionados) se hallan presentes en el entorno justo antes de que se produzca una estimulación dolorosa (como puede ser una inyección en el paladar superior, que sería el estímulo incondicionado). Esta estimulación dolorosa elicita una respuesta de miedo (respuesta incondicionada). Como consecuencia, el paciente a partir de entonces puede emitir una respuesta de miedo (respuesta condicionada) ante los estímulos (el sillón, la turbina, el olor) que inicialmente eran neutros. Cuando un paciente ha adquirido estas respuestas de miedo ante los estímulos condicionados puede ocurrir que, para escapar o evitar la ansiedad que le suscita la situación dental, trate de retrasar, cancelar o no acudir a las citas dentales, lo que reduce en el corto plazo la ansiedad y opera como reforzamiento negativo. Pero sin embargo, a medio y largo plazo este reforzamiento negativo contribuye al mantenimiento de la ansiedad y la evitación de situaciones dentales.

5.2.4. Aprendizaje vicario.

En ocasiones, los sujetos atribuyen el origen del miedo dental a factores como experiencias vicarias o las instrucciones e informaciones recibidas (Berggren y Meynert, 1984). Por tanto, no es necesario que los pacientes sufran directamente experiencias traumáticas para que desarrollen comportamientos de miedo o evitación dental. Este hecho ha servido para aplicar los principios de la teoría del aprendizaje social desarrollados por Bandura (1977) a la explicación del origen de las fobias y, en particular, del miedo dental. Según esta teoría, el aprendizaje se produciría no sólo mediante la exposición a las consecuencias reforzantes o aversivas resultantes de la emisión de una conducta determinada, sino también mediante la observación de cuáles son las consecuencias de las conductas emitidas por otras personas. Los seres humanos aprendemos, por tanto, vicariamente, observando a otros y adquiriendo nuevas conductas imitando el comportamiento de modelos sociales.

En el caso específico del miedo dental, el uso de la teoría del aprendizaje social para entender el origen de este problema ha recibido también apoyo empírico (Bernstein, Kleinknecht, Alexander, 1979). Por ejemplo, Öst y Hugdahl (1985) realizaron un estudio en el que encontraron que un 12% de los adultos con miedo dental referían que en el origen de su miedo se encontraba una experiencia vicaria pasada. También se ha apuntado a procesos de aprendizaje vicario en la adquisición del miedo dental en población infantil. Así, Townend, Dimigen y Fung (2000) han encontrado que las madres de niños con miedo dental tenían significativamente un nivel mayor de miedo dental que las madres con hijos sin este problema. De manera similar, algunos estudios como el de Themessl-Huber *et al*. (2010) han comprobado que existe una asociación entre los niveles de ansiedad dental de padres e hijos, lo que ha sido interpretado en apoyo a la existencia de procesos de aprendizaje vicario de la respuesta de miedo dental.

Las oportunidades de adquirir mediante modelado o simple observación respuestas de miedo dental no se limitan, sin embargo, al ámbito familiar. En la sociedad, existe un estereotipo arraigado según el cual todo lo relativo a la práctica odontológica se entiende como algo desagradable y doloroso (Van Groenestijn *et al*. 1980; Wardle, 1984), y así es transmitido y diseminado a través de medios de comunicación, chistes, anécdotas, historias y demás formas en que la cultura popular estigmatiza ciertas experiencias. Por tanto, es de esperar que un elevado porcentaje de personas haya generado reacciones negativas hacia el tratamiento dental incluso antes de que por primera vez se enfrente con la situación real, de modo que es difícil que su proceder sea neutral al respecto.

5.2.5. El modelo de las tres vías de adquisición del miedo de Rachman.

En el campo de la odontopediatría, el modelo de las tres vías de adquisición del miedo de Rachman (1990) ha sido el más comúnmente empleado en la investigación sobre ansiedad dental (Rantavouri, 2008). Posiblemente, en ello ha influido el hecho de que se trate de una teoría integradora, en la que se asume que distintos tipos de aprendizaje están implicados en el origen del miedo dental, y que éste además tiene un carácter multidimensional.

Según el modelo de Rachman (1977), el miedo dental se originaría en los niños mediante la incidencia de alguno/s de los siguientes procesos:

a) condicionamiento directo o asociación de experiencias dentales aversivas a estímulos inicialmente neutros (incondicionados) que acabarían desencadenando una respuesta de miedo.

b) aprendizaje vicario u observación de las reacciones de otras personas -especialmente familiares- ante las situaciones dentales.

c) adquisición mediante la asimilación de información ansiógena existente en el entorno sobre la aversividad de las experiencias dentales.

La respuesta de ansiedad tendría además un carácter multidimensional, aspecto que ya fue referido por Lang (1968), implicando un triple sistema de respuesta: fisiológico, motor y cognitivo. Rachman asume también esta idea y, según refiere este autor, en las fobias adquiridas por condicionamiento directo predominarían los componentes fisiológicos y conductuales, mientras que en las adquiridas indirectamente (aprendizaje vicario y transmisión de información) predominarían los componentes cognitivos. Tomando como base la elaboración teórica de Rachman (1976), los patrones o perfiles de respuesta vienen dados por las combinaciones que pueden originarse a partir de los tres componentes del sistema de respuesta, fisiológico, motor-conductual y cognitivo. Por ejemplo, en la forma de manifestar su ansiedad un sujeto puede poseer un perfil donde las respuestas fisiológicas y cognitivas sean muy intensas y, en cambio, las respuestas conductuales sean normales o débiles.

Tomando como punto de partida el modelo de las tres vías de Rachman, Milgrom *et al.* (1995) llevaron a cabo un estudio sobre 895 niños de edades comprendidas entre los 5 y los 11 años que asistían a escuelas públicas de educación primaria en Seattle (EE.UU.). En él obtuvieron evidencia empírica de que el condicionamiento directo y el modelado por parte de los padres eran predictores significativos del nivel de miedo dental de los niños, controlando variables como la edad, el género, factores sociodemográficos y un conjunto de factores actitudinales que incluían –entre otros- creencias sobre la salud o satisfacción con la asistencia dental. No obstante, en este estudio no se empleó ninguna medida referida a la vía informacional de adquisición del miedo dental postulada por Rachman. Tal y como señalan Townend *et al.* (2000), la vía informacional de adquisición del miedo dental ha recibido una menor atención en la literatura. Estos autores citan, sin embargo, como una posible evidencia a favor de la implicación de esta vía en el miedo dental infantojuvenil el estudio de Bedi *et al.* (1992b), en el que se encontró que los niños con más miedo dental eran aquellos que más personas con esta problemática conocían. Tal resultado podría ser interpretado en el sentido de que las personas con miedo dental están más expuestas posiblemente a recibir información negativa sobre el hecho de ir al dentista.

Aunque no se encuentra dentro de la temática del miedo dental, Field y Lawson (2008) han llevado a cabo un experimento con niños en el que trataban de analizar el impacto que la información verbal recibida podía tener sobre el desarrollo de un nuevo aprendizaje. Estos autores concluyeron que, efectivamente, la información interfería con el aprendizaje; y más específicamente, que la información no sólo sesga directamente el pensamiento y la conducta sino también las estimaciones que realizan los niños sobre la fuerza de la asociación entre determinados estímulos (p. ej. animales) y las consecuencias probables que se pueden derivar de estar expuestos a ellos.

5.2.6. Críticas a los modelos basados en el aprendizaje.

Las explicaciones del miedo dental basadas en procesos de aprendizaje como los anteriormente señalados no han estado exentas de críticas. Las investigaciones previas confirman que el aprendizaje juega un papel importante en el origen y desarrollo de muchos casos de miedo dental, pero los mecanismos de condicionamiento o el aprendizaje vicario no serían suficientes para explicar este problema. Por otra parte, existen avances recientes en la aplicación de modelos cognitivos del miedo al caso de la ansiedad dental que parecen ofrecer una alternativa con mayor potencial para entender los mecanismos del miedo dental.

Los datos empíricos son difícilmente explicables atendiendo exclusivamente a planteamientos basados en la adquisición aprendida mediante condicionamiento del miedo dental. Por ejemplo, la existencia de pacientes que manifiestan miedo dental en ausencia de experiencias dolorosas o traumáticas previas o la co-morbilidad del miedo dental con otros miedos (Armfield, Slade y Spencer, 2008) parece indicar que estos planteamientos no son capaces de diferenciar claramente a sujetos con y sin ansiedad dental. En la misma línea, el estudio realizado por Ten Berge, Veerkamp y Hoogstraten (2002) sobre los orígenes del miedo dental infantil concluyó que dentro de la vía de condicionamiento directo del miedo, las experiencias dentales objetivas (p. ej. el tipo de tratamiento, más o menos invasivo) parecen tener un papel menor en la adquisición del miedo dental infantil; otros factores, como las experiencias subjetivas, parecen en cambio ser aspectos decisivos en su etiología.

La historia de atención previa del niño parece, como se ha comentado, modular la posibilidad de que éste adquiera una respuesta de miedo mediante condicionamiento. Sin embargo, la propia hipótesis de la inhibición latente –que se aduce para explicar este hecho- también es controvertida en general. Por ejemplo, Ehlers *et al.* (1994) observaron que un grupo de conductores desarrollaron fobia a la conducción, en promedio, 10 años después de que aprendieron a manejar un coche. En el caso del miedo dental, Locker, Shapiro y Liddell (1996) afirman que no está claro que la hipótesis de la inhibición latente sea aplicable, por ejemplo, a pacientes que han desarrollado el miedo dental en la adolescencia o en la edad adulta.

La aplicación del modelo de condicionamiento operante y del aprendizaje social también parece insuficiente para explicar la adquisición del miedo dental, aunque está bien establecida la presencia de estos procesos en esta problemática. Por ejemplo, el condicionamiento operante serviría bien para explicar el mantenimiento del miedo –como señala Mowrer (1939)- y la aparición de conductas disruptivas o no-cooperativas asociadas a la ansiedad dental, pero no podría explicar adecuadamente el origen del miedo dental. El aprendizaje social, por su parte, también juega un papel claro en el origen del miedo dental; sin embargo, algunos autores han sugerido que se trata de un factor menor, en relación con otros como las experiencias dentales aversivas previas (Townend, Dimigen y Fung, 2000).

En definitiva, aunque los procesos de aprendizaje están involucrados en el miedo dental, existen numerosas variables que influyen en que finalmente se establezca un condicionamiento de la respuesta de miedo o no. Los aspectos cognitivos y de afrontamiento son clave en ello. Junto a la hipótesis de la inhibición latente, Davey (1992a) postula un segundo proceso para explicar la falta de adquisición del miedo en algunas personas después de una experiencia traumática: la devaluación del estímulo aversivo. Las personas pueden utilizar las estrategias de afrontamiento como la negación, la falta de atención selectiva o la devaluación de la importancia de un evento estresante para neutralizar cognitivamente un estímulo aversivo, lo que constituye una manera de afrontar el evento problemático. La manera de afrontar una situación influye en las respuestas emocionales resultantes como la ansiedad (Folkman y Lazarus, 1985, 1988a, b). Así, las estrategias de afrontamiento pueden ser positivas y contribuir a reducir el estrés, o pueden ser ineficaces y asociarse realmente con un aumento en la preocupación y el miedo. Aunque un estudio llevado a cabo en una muestra amplia de niños por Sipes, Rardin y Fitzgerald (1985) encontró que sólo el 7% de los niños utilizan estrategias cognitivas con el fin de superar sus miedos, la idea de que hay variables cognitivas que pueden llegar a ser decisivas en el desarrollo de la respuesta de miedo abre una nueva vía para explicar la dinámica de este problema.

De este modo, se plantea que una explicación adecuada del miedo dental debe atender a la búsqueda de los mecanismos precisos que median entre los elementos disparadores (estímulos con una valencia aversiva) y la reacción de ansiedad ante situaciones dentales. La aportación de modelos recientes que incluyen el análisis de los determinantes cognitivos del miedo dental vendría a llenar parcialmente esta laguna en la investigación. En este sentido, Armfield (2010b), ha señalado que los aspectos cognitivos como la falta de control percibido, la impredecibilidad de la situación dental o la percepción del paciente de que podría sufrir algún daño durante el tratamiento, resultaron ser mejores predictores de ansiedad dental que las experiencias odontológicas vividas, al menos en población adulta.

5.3. Modelos cognitivos para la explicación de la ansiedad dental.

5.3.1. El miedo dental desde la perspectiva cognitiva.

En apartados anteriores se ha comentado la asociación entre experiencias dentales traumáticas y la ansiedad dental. Como se ha expuesto, hay individuos sin miedo al dentista que han padecido vivencias negativas en el gabinete dental y también se da el caso opuesto, pacientes que presentan ansiedad dental y no han experimentado ninguna sesión traumática durante el procedimiento odontológico o, por lo menos, no la recuerdan. Este hecho ha dado pie a la cuestión de si el miedo dental se explica mejor por las experiencias de tratamiento dental que un paciente ha ido adquiriendo o por las expectativas, percepciones, pensamientos, creencias, etc. que elicita en una persona la situación de ir al dentista.

En este sentido, la idea central de los modelos cognitivos es que no es la situación odontológica de por sí la que causa la ansiedad, sino la forma que las personas tienen de evaluar dicha situación; mientras que las experiencias de tratamiento, más que como causas de la ansiedad, deberían contemplarse como ocasiones favorecedoras del desarrollo de un problema de ansiedad (Armfield, Spencer y Stewart, 2006).

Las aplicaciones de la perspectiva cognitiva a la explicación de la ansiedad dental tienen en común el postulado de que la situación odontológica real o anticipada activa en el paciente diversos procesos, relacionados con el manejo de la información disponible sobre la misma. Así, la exposición a estímulos relacionados con las situaciones de tratamiento dental favorecería la activación de esquemas de vulnerabilidad, percepciones de estar expuesto a una amenaza potencial y sesgos de atención, interpretación y memoria; todo lo cual conduce –en términos globales- a una evaluación negativa de la situación dental, que se considera como un evento estresante para el que se carecen de recursos de afrontamiento.

Como se ha presentado en un capítulo anterior, son numerosos los aspectos cognitivos que se han encontrado asociados con el miedo dental en estudios previos. Además, estos factores cognitivos son de distinta índole o hacen referencia a distintos aspectos del procesamiento de la información por parte de un sujeto. Por ejemplo, Kendall e Ingram (1987) definen un esquema cognitivo como una representación de las experiencias en la vida de una persona o los conocimientos que se almacenan de una manera coherente, y que actúan de filtro de las percepciones y en el procesamiento de la información. En el caso de la ansiedad dental, como se expondrá con más detalle posteriormente, se habla de un "esquema de vulnerabilidad cognitiva" (Armfield, Spencer y

Stewart, 2006) consistente en la percepción o la sensación de la falta de control, la imprevisibilidad, el peligro y las sensaciones desagradables (por ejemplo, náuseas, repugnancia) que espera un individuo al interactuar con un estímulo o situación relacionado con los tratamientos dentales en particular. El esquema de vulnerabilidad de un sujeto se activa de forma inconsciente y, posteriormente, guía el procesamiento subsiguiente de la información relacionada con los tratamientos.

Además, la evaluación de una situación dental temida también se ve influida por otros factores tales como diversos tipos de sesgos atencionales, de interpretación y de memoria (Armfield, Slade y Spencer, 2008). El sesgo atencional se caracteriza por una constante rumiación, preocupación e hipervigilancia como resultado de la exposición a un estímulo o situación que provoca miedo o amenaza. El sesgo de interpretación predispone a la sobrestimación de la probabilidad de que ocurra un acontecimiento negativo y a la catastrofización. Es decir, un paciente con ansiedad dental se caracteriza por interpretar que los eventos dentales negativos son algo extremadamente horrible.

En lo referido al sesgo de memoria, se puede explicar como un elemento más que conlleva a una evaluación negativa de la situación y que se caracteriza por recordar con mayor facilidad información negativa cuando se está experimentando un estado emocional de ansiedad.

También lo que el paciente espera ante una situación dental va a influir en su nivel de miedo. Las expectativas negativas sobre el tratamiento dental, sus resultados, la actuación propia durante la sesión dental y sobre la interacción con el odontólogo van a favorecer la aparición de respuestas de ansiedad o miedo. Por ejemplo, hay estudios que han encontrado que los individuos con creencias negativas acerca de los dentistas experimentan mayor ansiedad dental porque presentan unas expectativas más negativas (Kunzelmann y Dtinninger, 1990). Pero además, estos distintos aspectos del procesamiento de la información ansiógena se hallan interrelacionados, y las expectativas y creencias negativas ante la situación dental se hallarían asociados a un manejo sesgado de la información sobre la situación dental (esto es, atender principalmente a datos que confirman la peligrosidad de la situación, recordar sólo experiencias negativas previas, pensar de manera catastrófica, etc). De esta forma, finalmente el paciente llegaría a evaluar que la situación dental conlleva algún tipo de amenaza para él. La frecuencia de estas cogniciones negativas está relacionadas con los niveles de ansiedad que experimenta la persona, es decir, que un individuo con altos niveles de ansiedad manifiesta más pensamientos negativos, en tanto que un sujeto con bajos niveles de ansiedad evidencia menos cogniciones dentales negativas (Salas *et al.*, 2002).

Como se sabe a partir de la aportación de los modelos transaccionales del estrés (Folkman y Lazarus, 1980; Folkman y Lazarus, 1985; Folkman *et al.*, 1986; Lazarus, 1991) otro elemento a considerar es el grado en el que el sujeto percibe que puede hacer algo para resolver de manera satisfactoria la situación potencialmente amenazante, es decir, su expectativa sobre la posibilidad de afrontar con éxito la situación temida. En este sentido, se ha encontrado que los pacientes ansiosos tienen menos estrategias de afrontamiento durante el tratamiento dental en lo referido a técnicas de distracción y relajación, focalizan su atención en el diente que está siendo tratado y no pueden pensar en otra cosa (de Jongh *et al.*, 1995b). Además, estos pacientes esperaban que la experiencia odontológica resultara más dolorosa y traumática; se definían a sí mismos como pacientes más difíciles de tratar porque estaban nerviosos y sentían no tener el apoyo del profesional. En definitiva, en lo que se refiere al afrontamiento de situaciones dentales temidas, la capacidad o incapacidad percibida de las personas para controlar sus pensamientos negativos parece desempeñar un papel importante.

En una investigación realizada por Skaret *et al.* (2005) se estudió la capacidad de afrontamiento, tolerancia al dolor y relación odontólogo-paciente, concluyéndose que la satisfacción con el tratamiento odontológico está íntimamente ligada a la intensidad de dolor sufrido durante este. Los pacientes evaluaban subjetivamente el procedimiento en base a la forma de interactuar el odontólogo con el paciente, lo que justifica que cuando un paciente percibe una relación positiva con el odontólogo, la capacidad de afrontamiento y de tolerancia al dolor se ve incrementada.

La presencia de aspectos cognitivos en el miedo dental parece, por tanto, bien establecida por la investigación previa. Sin embargo, la revisión de esta literatura pone de manifiesto dos lagunas. En primer lugar, se echa en falta la articulación de los diferentes aspectos cognitivos en un modelo comprensivo del miedo dental. En su mayor parte los estudios realizados desde esta perspectiva se han centrado en el análisis específico de alguno de los elementos cognitivos señalados. No se ha partido -en general- de un modelo explicativo en el que se integren y pongan en relación los diversos aspectos del procesamiento cognitivo de información potencialmente ansiógena, sino más bien de aportaciones parciales provenientes del ámbito de la psicología clínica cognitiva, tales como traslación al ámbito del miedo dental de las aspectos similares a las "distorsiones cognitivas" señaladas por Beck y Emery (1985) para el caso de los trastornos de ansiedad.

Y en segundo lugar, sería conveniente profundizar en el análisis del miedo infantil desde una perspectiva cognitiva, dado que la mayoría de aportaciones se han realizado en relación a población adulta. En el ámbito del estudio de los mecanismos cognitivos de la ansiedad en niños –aunque no específicamente de la ansiedad dental- se encuentra la aportación de Muris y Field (2008). Tomando como base una extensa revisión sobre la literatura dedicada al estudio de la patogénesis de la ansiedad infantil, estos autores formulan un modelo comprensivo de procesamiento de la información ante situaciones potencialmente ansiógenas, en el que el punto central son los sesgos en el manejo de la información y distorsiones cognitivas que comete el niño con trastorno de ansiedad. El origen de estas distorsiones es puesto en relación, además, con factores de vulnerabilidad genética, influencias ambientales e interacciones entre predisposición biológica y variables del entorno. En definitiva, estos autores estarían indicando que los aspectos cognitivos son importantes para entender el miedo no sólo en población adulta, sino también en niños.

En los apartados siguientes se abordan dos contribuciones que apuntan vías para solucionar tales carencias en la investigación. El Modelo de Vulnerabilidad Cognitiva desarrollado en la Escuela de Odontología de la Universidad de Adelaida (Australia) por Jason Armfield y su equipo, representa un intento de integración teórica en el que se postula que la activación de esquemas sobre la percepción de incontrolabilidad, impredecibilidad, peligrosidad y desagradabilidad de una situación está asociada al desencadenamiento de los procesos cognitivos que conducen a la respuesta de ansiedad. El modelo cognitivo de Chapman y Kirby-Turner (1999), por su parte, supone un intento de entender específicamente el miedo dental infantil, aunando en torno al constructo de "locus de control" distintos factores relacionados con los pensamientos dentales ansiógenos. Ambas propuestas resultan, además, altamente compatibles en cuanto a los elementos que proponen para la explicación de la ansiedad dental.

5.3.2. La aplicación del Modelo de Vulnerabilidad Cognitiva de Jason Armfield para el análisis del miedo dental.

Jason Armfield y su equipo (Armfield, Spencer y Stewart, 2006; Armfield, Slade y Spencer, 2008) han propuesto un modelo para explicar la etiología del miedo donde se enfatiza el papel de los elementos cognitivos por encima del que juegan las experiencias negativas que un paciente haya podido sufrir en la consulta dental. En el contexto de la perspectiva cognitiva, este autor propone que las percepciones de una persona ante los estímulos o situaciones dentales son clave en la etiología del miedo dental; y especialmente señala cuatro dimensiones que constituirían el esquema de "vulnerabilidad cognitiva" presente en las personas con miedo dental: la percepción de que las situaciones relacionadas con el tratamiento dental son incontrolables, impredecibles, peligrosas y que conllevan una serie de sensaciones desagradables (náuseas, asco, etc). Según Armfield, Spencer y Stewart (2006), este esquema de vulnerabilidad estaría determinado tanto por los rasgos de personalidad y disposiciones biológicas de la persona como por su historia de aprendizaje previo, asumiendo que el aprendizaje se puede producir mediante cualquiera de las tres vías propuestas por Rachman (1976, 1977, 1990).

Según el Modelo de Vunerabilidad Cognitiva, cuando una persona con ansiedad dental se enfrenta a un acontecimiento relacionado con los tratamientos, se activan simultáneamente una reacción afectiva automática preconsciente –relacionada con la respuesta de escape o lucha- y un esquema cognitivo de vulnerabilidad que incluye los cuatro componentes anteriormente mencionados. Este esquema de vulnerabilidad, que se activa de manera rápida y automática ante un encuentro dental, actúa filtrando la información, guiando el procesamiento cognitivo posterior y las evaluaciones que realiza la persona a propósito del evento dental. Junto con otros elementos cognitivos, como los sesgos atencionales y los mecanismos de afrontamiento, el esquema de vulnerabilidad favorecería una determinada evaluación general de la situación. La suma de las respuestas afectivas automáticas y la evaluación general que realiza la persona influyen sobre su respuesta de ansiedad o miedo dental en tres sistemas: el fisiológico (nerviosismo, pánico, sudoración, etc), el comportamental (intentos de escapar o evitar la situación) y el cognitivo-emocional (pensamientos negativos, preocupación, etc). La experiencia que el paciente tiene en la visita dental retroalimentaría el esquema de vulnerabilidad cognitiva, modificándolo o intensificándolo, de forma que condicionaría las reacciones del sujeto en futuras visitas dentales.

A continuación, se desarrollan los cuatro componentes que integran el esquema de vulnerabilidad cognitiva y que serían fundamentales para explicar la etiología y las características del miedo dental específico. Aunque la evidencia empírica que apoya cada una de estas cuatro dimensiones de vulnerabilidad proviene principalmente de estudios sobre fobias animales (Armfield, Slade y Spencer, 2008), también han sometido a prueba este modelo en el campo odontológico. En la presentación de los componentes de peligrosidad, desagradabilidad (sensación de náuseas), impredecibilidad e incontrolabilidad, se sigue la argumentación desarrollada por los autores Armfield, Spencer y Stewart (2006).

a) **Peligrosidad (*dangerousness*)**

El grado de peligro o daño que nos sugiere un estímulo determinado es un elemento implicado en el miedo específico. Son varios los estudios que Armfield emplea para apoyar el papel de la percepción de peligro en la etiología de las fobias. Por ejemplo, en un estudio de Taylor y Rachman (1994), se encontró que las personas con miedo significativo a las serpientes sobreestimaban el grado de peligro asociado con una serpiente, lo que sugería que ésta es una variable importante a tener en cuenta en el mecanismo cognitivo. En otro estudio, Lipsitz *et al.* (2002) encontraron que el 39% de sus participantes con fobia específica manifestaron que el miedo se focalizaba principalmente en el peligro potencial o daño. Sin embargo, como apuntan Armfield, Spencer y Stewart (2006) el peligro, por sí mismo, proporciona una explicación insuficiente de algunas fobias clínicas, como sería el caso de muchos animales inofensivos (ratones, cucarachas, polillas, etc) que pueden provocar miedo en algunas personas. Armfield advierte, además, que incluso después de controlar la variable nocividad pueden encontrarse diferencias significativas en las puntuaciones de miedo, como se obtuvo en el estudio de Bennett-Levy y Marteau (1983). En suma, el elemento de peligrosidad percibida parece importante en la explicación del miedo, si bien no es el único que interviene en esta reacción emocional.

En la práctica odontológica la sensación de peligrosidad puede relacionarse con el instrumental odontológico porque los pacientes piensan que pueden hacer daño y son peligrosos si el dentista pierde el control sobre ellos; por ejemplo, que se le deslice la turbina. También puede relacionarse con la sensación que tienen algunos pacientes durante el tratamiento dental pensando que se pueden asfixiar durante la toma de impresiones o incluso que debido a su nerviosismo puede llegar a padecer un infarto agudo de miocardio.

b) Desagradabilidad (*disgustingness*)

Para explorar por qué a veces se tiene miedo a estímulos que no son realmente peligrosos, Armfield sigue a Davey y colaboradores, que han propuesto que las características de algunos animales, que los hacen parecer repugnantes, asquerosos o desagradables, podrían estar implicadas en la adquisición del miedo, independientemente de su peligro potencial (Davey, 1992b; Davey, 1993; Davey, 1994; Davey, Forster y Mayhew, 1993; Jain y Davey, 1992; Matchett y Davey, 1991; Ware *et al.*, 1994). Este tipo de estímulos –más relacionados con la repugnancia que con el peligro- resultan temidos por estar vinculados a sensaciones desagradables y aversivas en la persona, tales como mareos, náuseas, sensación de asfixia, malestar estomacal, etc.

En el ámbito odontológico, el factor de desagradabilidad está relacionado con el olor que desprenden los materiales odontológicos, sabores de algunos productos y por el miedo a la contaminación por gérmenes o enfermedades de otros pacientes por inexistencia de una adecuada esterilización. Además, no es infrecuente que los pacientes refieran sensaciones de malestar difuso en el estómago, mareo, náuseas o ganas de vomitar cuando se enfrentan a una situación dental.

c) Impredecibilidad (*unpredictability*)

Otro elemento que contribuiría tanto al desarrollo como al mantenimiento de la ansiedad y el miedo es –de acuerdo con el Modelo de Vulnerabilidad Cognitiva- la impredicibilidad o incertidumbre que conllevan las situaciones temidas. Armfield, Slade y Spencer (2008) entienden la impredecibilidad como una falta de conocimiento sobre algún aspecto de un estímulo, como su identidad, movimiento o ubicación. De nuevo, estos autores aportan una serie de estudios –realizados en diversos contextos- como justificación de la asociación entre la imprevisibilidad y la incertidumbre con la ansiedad y el miedo (Booth-Butterfield, Booth-Butterfield y Koester, 1988; Kennedy y Silverman, 1985; Foa, Steketee y Rothbaum, 1989; Lox, 1992; Craske *et al*., 1993; Roberts, 1993). Pero, además, Armfield, Spencer y Stewart (2006) señalan que la impredecibilidad puede referirse a numerosos aspectos de una situación, como la falta de conocimiento sobre la identidad de un estímulo al que se está expuesto (p. ej. saber si un animal está en la categoría de los peligrosos) y, por lo tanto, sobre su potencial para dañarnos; la imprevisibilidad de los movimientos del estímulo, si puede llegar a alcanzarnos, su comportamiento hacia nosotros (p. ej. qué hará un animal si me descubre, cuánto tardaría en alcanzarme, qué "intenciones" tiene); la incertidumbre de encontrar o no un estímulo en un contexto determinado (p. ej. la posible aparición inesperada de un animal); la imprevisibilidad de la longitud en el tiempo del encuentro (cuánto tiempo durará la situación aversiva); el desconocimiento de la intensidad de un evento aversivo (es decir, cómo de malo será); y la imprevisibilidad de que realmente se sufran daños si uno se encuentra con el estímulo (p. ej. qué me ocurrirá si soy atacado por un animal).

Si bien, estas fuentes de incertidumbre han sido analizadas principalmente en el ámbito de las fobias animales, son también aplicables al miedo dental. Por ejemplo, en la situación odontológica muchos de los estímulos –como el instrumental de trabajo, los sonidos, las sensaciones que se experimentan- son desconocidos para los pacientes, que no sabrían bien asignarlos a priori a la categoría de "potencialmente dañinos" o no; existe también incertidumbre respecto a la conducta del odontólogo, sus movimientos (la rapidez de estos, qué zona va a alcanzar, etc); el paciente tiene incertidumbre en relación con el diagnóstico y el tratamiento que será necesario aplicar; resulta -en muchas ocasiones- imprevisible cuánto durará la sesión dental o un tratamiento específico; y finalmente, existe incertidumbre sobre la intensidad que tendrá el dolor en caso de que este llegue a producirse y sobre las consecuencias de que ocurra algo inesperado o negativo durante la consulta dental.

d) Incontrolabilidad (*uncontrollability*)

En el Modelo de Vulnerabilidad Cognitiva otra variable que se relaciona con la ansiedad es la percepción de incontrolabilidad sobre una situación específica, es decir, la creencia de que uno no puede hacer algo para influir en una situación que es potencialmente aversiva.

Hay varios estudios que Armfield, Spencer y Stewart (2006) presentan como apoyos para la hipótesis de que la falta de control es una variable importante en relación con las fobias específicas (Lick y Unger, 1975). Por ejemplo, en los estudios de Bandura (1983) se observó que las personas que se ven a sí mismas como incapaces de controlar un evento potencialmente adverso, perciben estos eventos con ansiedad, se imaginan consecuencias nocivas, y demuestran las respuestas fóbicas con la evitación de estos eventos. De manera complementaria, otras investigaciones habrían encontrado que si los sujetos perciben controlabilidad disminuye el grado de estrés (Glass, Reim y Singer, 1971; Geer y Maisel, 1972; Sartory y Daum, 1992).

En lo referido a la odontología, Milgrom señaló que la falta de control y la impotencia son dos aspectos cognitivos muy potentes íntimamente relacionados o involucrados en la ansiedad dental (Milgrom *et al*., 1995). Si una persona cree que no tiene medios necesarios para hacer frente a un tratamiento dental, se siente impotente y percibe falta de control, que puede causar miedo. Por el contrario, los individuos que sienten que tienen el control de la situación, tendrían menos probabilidades de sufrir miedo dental.

Milgrom añade, además, que la mayor o menor necesidad de control que una persona tiene es una variable que influye en la relación entre la incontrolabilidad y el miedo. En este sentido, los pacientes que presentan una mayor necesidad de sentir el control de la situación en el gabinete odontológico y que, sin embargo, percibían muy poco control real, informaron de que esperaban que el tratamiento fuera doloroso antes de comenzarlo.

Al igual que se presentó anteriormente para el caso de la impredecibilidad, Armfield, Spencer y Stewart (2006) sugieren que también es posible que haya un número de dimensiones de incontrolabilidad en relación con fobias específicas. Por ejemplo, en relación con las fobias animales, este autor menciona la incapacidad para controlar el movimiento, la aproximación o el comportamiento de un animal; la falta de control de la persona sobre su respuesta a un encuentro con un animal; la incapacidad de controlar cuándo se va a producir el encuentro con un animal; y la incapacidad para evitar o terminar un encuentro con un animal.

Trasladado al ámbito de la atención dental, las posibles fuentes que llevarían a la percepción de falta de control podrían ser, entre otras, la falta de control sobre la conducta del dentista, sus movimientos o la incapacidad para hacer que interrumpa el tratamiento en caso necesario; la falta de control sobre cuándo uno va a entrar en la consulta o ésta va a terminar; y la falta de control sobre cómo uno mismo va a reaccionar y comportarse durante la consulta.

El Modelo de Vulnerabilidad Cognitiva ha recibido apoyo empírico en varias investigaciones realizadas que han tomado como base sus planteamientos. Por ejemplo, Armfield y Mattiske (1996) analizaron la relación entre cada una de los variables de vulnerabilidad y el miedo referido a los animales, en concreto, a las arañas. En conjunto, las variables de la falta de control, la imprevisibilidad, la peligrosidad y la repugnancia representaron más de dos tercios de la varianza en el temor a la percepción de la araña. Las percepciones de incontrolabilidad e impredecibilidad tuvieron las mayores correlaciones con el miedo. Además, las variables de vulnerabilidad lograban explicar un 55% de la varianza en las puntuaciones de miedo más allá de la varianza que era explicada por el condicionamiento clásico y de aprendizaje vicario.

Pero el Modelo de Vulnerabilidad Cognitiva también ha sido sometido a prueba en el ámbito del miedo dental. Armfield,

Slade y Spencer (2008) investigaron en una población adulta con el fin de aplicar el modelo de vulnerabilidad cognitiva en el campo odontológico. La muestra estaba compuesta por 3937 australianos con una edad de 15 o más años y una media de 44 años. A todos los participantes se les realizó una entrevista telefónica para evaluar su nivel de miedo dental. Posteriormente, se les hizo una exploración bucodental y rellenaron un cuestionario mediante el cual se evaluó su percepción de incontrolabilidad, impredecibilidad y peligrosidad asociadas a las visitas odontológicas. Según los resultados que se obtuvieron, aproximadamente el 50% o más de los participantes que consideraban que el entorno dental era altamente incontrolable, impredecible o peligroso tenía miedo dental elevado. Se encontró, además, que cada una de las tres formas de percepción de la vulnerabilidad que habían sido medidas –incontrolabilidad, impredecibilidad y peligrosidad- se asociaba con niveles altos de miedo dental. Además, en los análisis de regresión logística que realizaron estos autores se comprobó que las percepciones de incontrolabilidad y peligrosidad se asociaron significativamente con niveles altos del miedo dental, después de controlar las variables edad y sexo. No obstante, la percepción de impredecibilidad no resultó estar significativamente relacionada de manera independiente con el miedo dental después de controlar todas las demás variables. Armfield y sus colaboradores concluyeron que los resultados eran compatibles con el modelo de vulnerabilidad cognitiva para explicar la etiología del miedo dental, pero que aún se necesitaban más investigaciones que corroboren dicho modelo (Armfield, Slade y Spencer, 2008).

En otro estudio, esta vez realizado con una muestra aleatoria de 1.084 adultos australianos, Armfield (2010b) encontró que las percepciones de incontrolabilidad, impredecibilidad, peligrosidad y desagradabilidad estaban fuertemente asociadas al miedo dental. Pero aún más interesante fue el hallazgo de que las variables de vulnerabilidad cognitiva eran capaces de explicar un 46,3% de la varianza en las puntuaciones de miedo dental, más allá de la que era explicada por las variables sociodemográficas y cinco posibles experiencias dentales aversivas (dolor, malestar, desvanecimiento, sensación de asfixia y problemas personales con el dentista). Las experiencias dentales, por el contrario, tan solo lograban aportar menos del 1% a la explicación de la varianza en las puntuaciones de miedo dental más allá de la que explicaba la vulnerabilidad cognitiva. Armfield (2010b) concluye en este estudio que los componentes del esquema de vulnerabilidad cognitiva predicen mejor los niveles de ansiedad dental de una persona que las experiencias aversivas en el dentista que ésta haya podido tener anteriormente.

Finalmente, Edmunds y Buchanan (2012) realizaron un estudio de encuesta con una muestra de 365 participantes con el objetivo de contrastar la aplicación del modelo de vulnerabilidad cognitiva en el caso del miedo dental. Las autoras preguntaron a los participantes cuáles de las cuatro dimensiones de la vulnerabilidad cognitiva creían ellos que estaban implicadas en el origen de su miedo dental. Entre los resultados destacó que los factores de falta de control e impredecibilidad resultaban ser claves, según la opinión de los participantes, en la adquisición del miedo. Sin embargo, el componente de peligrosidad no era tan saliente como explicación de la etiología del miedo y la dimensión de desagradabilidad no fue considerada como relevante por los participantes. Las correlaciones entre los niveles de miedo dental de los participantes y sus puntuaciones en las cuatro dimensiones de vulnerabilidad cognitiva resultaron ser significativas. Cuando los datos eran sometidos a un análisis de regresión lineal, en el que se forzaba la entrada de los cuatro componentes de la vulnerabilidad como predictores, éstos lograban explicar un 54% de la varianza de las puntuaciones en miedo dental. No obstante, cuando se analizaba el papel como predictores de cada uno de los componentes de la vulnerabilidad se podía observar que las percepciones de incontrolabilidad, peligrosidad y desagradabilidad resultaban ser predictores significativos del miedo dental, mientras que la dimensión de impredecibilidad no alcanzaba la significación estadística. En base a estos resultados, Edmunds y Buchanan concluyen que el modelo de vulnerabilidad cognitiva explicaría bien el mantenimiento de la ansiedad dental, pero que el papel que juegan las cuatro dimensiones del modelo en la adquisición de la ansiedad dental aún no estaba claro.

En definitiva, los datos provenientes de investigaciones previas parecen apoyar la influencia del esquema de vulnerabilidad cognitiva en el miedo dental.

5.3.3. El modelo cognitivo de Chapman y Kirby-Turner (1999) sobre miedo dental infantil.

El modelo teórico de Chapman y Kirby-Turner (1999), dentro de la perspectiva cognitiva, trata de explicar de manera específica el miedo dental infantil. Aunque no se conocen evidencias de que este modelo haya recibido aún apoyo empírico para sus postulados, merece ser resaltado por resultar ser una de las escasas propuestas de aplicación de elementos cognitivos en el ámbito del miedo en odontopediatría.

Basándose fundamentalmente en su experiencia en la clínica infantil, estos autores han sugerido que son cinco los factores que estarían implicados en la etiología y mantenimiento del miedo dental en los niños:

a) *El miedo al dolor o su anticipación.-* Según estos autores, en la clínica dental a veces se comprueba que no existe una verdadera base para la ansiedad dental. Por ejemplo, durante el tratamiento odontológico, es frecuente observar que los niños ansiosos manifiestan dolor a pesar de estar correctamente anestesiados o de que el odontólogo haya sido especialmente cuidadoso. La sensación de dolor estaría causada por el miedo que siente el niño, más que por la respuesta a una estimulación física, y la expectativa de que el tratamiento va a ser doloroso hace que experimenten dolor a pesar de que no sea así, en una especie de "efecto nocebo".

b) *Falta de confianza o miedo a que el dentista traicione la confianza depositada en él.-* Según Chapman y Kirby-Turner (1999), la confianza en el dentista es un factor relacionado de manera relevante con el miedo dental y aunque esta evidencia sólo se ha demostrado en la población adulta, los autores sostienen que la experiencia clínica pone de manifiesto que también se debería de considerar como un factor muy influyente en el miedo dental en la población infantil. Los niños podrían, además, aprender a confiar o desconfiar del personal médico o dental antes de tener contacto directo con ellos, ya que la confianza o desconfianza puede adquirirse a partir de vivencias directas que haya tenido el niño en su relación con el dentista, pero también indirectamente, a partir de las declaraciones de otras personas o a través de las observaciones de la conducta de otros.

c) *Miedo a la pérdida del control*.- En el gabinete dental, observan Chapman y Kirby-Turner (1999), la sensación de incontrolabilidad por parte del niño es totalmente normal. Estos autores recomiendan que antes de comenzar el tratamiento dental, el odontólogo muestre al niño –en función de la edad que tenga– que él tiene parte del control y que por ejemplo, con un simple gesto como el de levantar la mano, puede detener al profesional para atender su necesidad en ese momento. En la misma línea, se ha señalado que para algunos niños el mero hecho de sentarse en el sillón odontológico supone una situación de falta de control, ya que necesitan adaptarse a un tipo de asiento no pensado para sus características físicas, y necesitan que se les guíe de la mano y se les ayude a sentarse. El momento de tumbarlos también supone una situación incómoda para el paciente porque sufren de nuevo la falta de control, al creer que se van a caer. Por ello, el odontólogo debe tener durante este procedimiento contacto físico con el paciente para que sienta apoyo (Barberia *et al.*, 2001; Boj, Cortés y Muñoz, 2010).

d) *Miedo a lo desconocido*.- Aportar al paciente infantil una información adecuada no sólo reduce el miedo a lo desconocido, sino que también fomenta la sensación de control. Chapman y Kirby-Turner (1999) advierten de que cuanto peor sea la información -tanto en la calidad como en la cantidad- que proporciona el profesional, mayor será la búsqueda de información –posiblemente inexacta, infundada o inadecuada- en otras fuentes, lo que puede contribuir a la "desinformación" del paciente. Del lado de las actuaciones positivas, estos autores señalan que el odontólogo puede poner en práctica diferentes técnicas para eliminar el miedo a lo desconocido, como por ejemplo la técnica de "decir-mostrar-hacer" o darle al niño la oportunidad de preguntar por aquellas cosas que realmente le preocupan o asustan.

e) Miedo a la intrusión/ invasión de la esfera física o psicológica personal.- La odontología, por su propias características, es invasiva e implica introducirse en el espacio personal e íntimo de un individuo. De forma física y concreta, esto queda patente en el examen e intervención que se realiza en la boca del paciente, pero también existe intrusividad en el sentido psicológico. Así, el odontólogo puede conocer y acceder durante la consulta a una parte importante de la intimidad del niño, como es su estado de cuidado y salud oral, sus emociones (miedo, vergüenza), su sensación de vulnerabilidad o indefensión, o incluso aspectos relacionados con su vida familiar, escolar, etc. Tal y como informan Chapman y Kirby-Turner (1999), algunos niños han descrito la intrusividad en la esfera de la persona como una situación amenazante, refiriéndose tanto a la invasión con instrumental o con las manos del odontólogo y de la auxiliar, en una zona íntima de su cuerpo, como es la boca; o en otras ocasiones, por inmiscuirse en su vida juzgando su dieta o la forma que tiene de cepillarse los dientes.

Los cinco factores identificados en el modelo de Chapman y Kirby-Turner (1999) aparecerían interrelacionados y organizados en torno al constructo "locus de control", referido a la expectativa de controlabilidad que el niño tiene sobre la situación dental. En definitiva, la ansiedad dependería en gran medida del grado de control que el niño percibe que tiene sobre una situación que puede ser potencialmente dolorosa o amenazante, desconocida, intrusiva, en la que puede sentir además que ocupa una posición pasiva y está completamente en manos de su dentista.

La propuesta de Chapman y Kirby-Turner (1999) presenta similitudes con el anteriormente citado Modelo de Vulnerabilidad Cognitiva. Por ejemplo, los cinco factores enumerados guardan cierto parecido con las cuatro dimensiones del esquema de vulnerabilidad cognitiva anteriormente referidas. No obstante, el modelo de Chapman y Kirby-Turner se trata de una aportación de índole teórica, que necesita recibir apoyo empírico. Por otra parte, en el modelo propuesto tan sólo se contemplarían algunos de los elementos cognitivos señalados en la literatura previa como factores implicados en el miedo dental, focalizándose en el contenido de las cogniciones ansiógenas pero no tanto en la dinámica del procesamiento cognitivo de la información y la relación entre constructos tales como esquemas, sesgos, expectativas, etc. Su principal aportación –a parte de la identificación de cinco pensamientos concretos implicados en el miedo dental- es que se trata de un modelo que surge específicamente del ámbito infantil, y que además, confía en una aproximación cognitiva para explicar el miedo dental de los niños.

6

El miedo dental y la práctica odontopediátrica

Existen al menos tres áreas en las que la problemática del miedo dental infantojuvenil puede tener implicaciones en la práctica de la odontopediatría. En concreto, es importante que los profesionales de la odontopediatría aborden el miedo y la ansiedad dental desde el punto de vista de la prevención, la intervención y la atención habitual en consulta.

6.1. Implicaciones desde el punto de vista de la prevención.

Una de las conclusiones que se derivan de la literatura científica sobre el miedo dental es la importancia de promover procesos como la "habituación" de la respuesta de ansiedad o la "inoculación" frente a ella en el entorno dental, en todo lo cual las revisiones periódicas y los programas preventivos juegan un papel decisivo. Como se ha comentado, en general, la mayor frecuencia de visitas dentales se asocia a menores niveles de ansiedad dental, lo que puede apuntar a que estas reducen la posibilidad de desarrollo o mantenimiento del miedo dental. Hay varias explicaciones para este fenómeno, como se ha visto, que van desde la actuación de procesos de aprendizaje y condicionamiento (habituación frente a sensibilización, inhibición latente, etc), hasta mecanismos altamente complejos implicados en el desarrollo de las capacidades de afrontamiento de los sujetos. Pero es necesario destacar, además, el papel decisivo que el manejo adecuado de las cogniciones del paciente infantil juega de cara a la prevención o reducción del miedo dental. En concreto, sería deseable que los odontopediatras tratasen de ofrecer al niño pensamientos alternativos a las percepciones de impredecibilidad, falta de control y peligrosidad, que redujesen o evitasen la aparición de un sentimiento de amenaza en la sesión dental.

Igualmente, parece necesario también abordar la expectativa de que en las visitas dentales se van a producir necesariamente sensaciones desagradables (sensación de náuseas, ahogo, etc.) y corregir estos pensamientos inadecuados. Junto a ello, la prevención del miedo dental ha de enfocarse también a la reducción de expectativas poco realistas sobre la probabilidad de que ocurran eventos negativos en el dentista, y sobre cómo de aversivos serían estos acontecimientos en caso de ocurrir. De nuevo, es la promoción de visitas frecuentes al dentista la que puede hacer que expectativas inadecuadas se cambien por otras más adaptativas. Por tanto, los odontopediatras deben informar a los padres de la importancia de las revisiones periódicas, no sólo por sus efectos en la salud bucodental, sino también por su capacidad de decrecer los niveles de miedo dental.

Otro de los aspectos clave involucrados en la ansiedad dental es la sensibilización, es decir, el incremento de los niveles de ansiedad dental como consecuencia de una exposición breve e intensa a un estímulo dental aversivo. Este fenómeno debe ser bien conocido por el odontopediatra porque está en su mano ayudar al paciente a prevenir o reducir el miedo dental. Uno de los ejemplos fáciles para entender este fenómeno es con el tratamiento de la extracción. Este tratamiento, por lo general, requiere muy poco tiempo y en 10 ó 15 minutos suele estar terminado, pero, sin embargo, es posiblemente uno de los que se asumen –anticipadamente- como más aversivos. En este tipo de tratamientos sería conveniente que el paciente infantil no dejara la consulta inmediatamente después de la extracción, lo que puede derivar en sensibilización y mayor miedo dental en las consultas siguientes, sino que sería conveniente reservar un tiempo para permitir que las respuestas de estrés del paciente decrezcan antes de dejar la consulta, ya sea por mera exposición (por ejemplo, entreteniéndole o hablando con él dentro de la consulta) o por otros mecanismos (por ejemplo, reevaluación cognitiva de la situación). Así, tratando de que se reduzca la ansiedad antes de salir de la sesión de tratamiento, evitamos la sensibilización posibilitando la inhibición del desarrollo de miedo dental. Los tratamientos en sí mismos no tienen porqué asociarse al miedo dental, pero sí se relacionan con las expectativas que desarrolla el paciente infantil sobre las consultas al dentista (Carrillo-Díaz *et al.* 2012c).

6.2. Implicaciones desde el punto de vista de la intervención.

Conociendo mejor el funcionamiento del problema del miedo dental en la infancia y adolescencia, se abre una vía de intervención más para los profesionales sanitarios (odontopediatras, psicólogos, etc), de tal forma que los modelos teóricos e investigaciones presentados con anterioridad pueden proporcionar a los profesionales un marco desde el cual poder entender y manejar adecuadamente la conducta y las emociones de muchos de sus pacientes infantiles.

En el ámbito de las intervenciones, se pueden identificar numerosas aportaciones desarrolladas en este sentido. Por ejemplo, aunque se asume la necesidad de llevar a cabo programas preventivos del miedo dental, y de que dentistas e higienistas dentales estén implicados en ellos como profesionales clave (Skaret y Soevdsnes, 2005), las contribuciones recogidas en la literatura previa se han focalizado muchas veces sólo en el tratamiento de pacientes odontológicos –generalmente adultos- con un trastorno de fobia dental. Son diversos los tratamientos que se han empleado en estos casos, tales como el uso de fármacos (p.ej. benzodiacepina) (Thom, 2000), entrenamientos en relajación o procedimientos conductuales (p. ej. inoculación del estrés, desensibilización sistemática) (Law, Logan y Baron, 1994; Smyth, 1999; Berggren, Hakeberg y Carlsson, 2000; Beggren, 2001).

Pero la perspectiva cognitiva ofrece una vía complementaria de actuación y en este sentido también se han desarrollado ya varias aportaciones. De acuerdo con Kent (1989), estas intervenciones se orientan fundamentalmente al trabajo sobre el contenido de la ideación ansiógena en situaciones dentales y al mayor control sobre los síntomas de ansiedad por parte del paciente. Además, estudios previos han puesto de manifiesto su eficacia en la reducción del miedo dental (Berggren, Hakeberg y Carlsson, 2000).

Por ejemplo, De Jongh *et al.* (1995d) reportan como resultado de una intervención basada en la reestructuración cognitiva, una disminución de la frecuencia y credibilidad que los pacientes atribuían a sus cogniciones dentales negativas, así como un menor nivel de ansiedad dental tras el tratamiento.

Posterioriormente, De Jongh, van den Oord y ten Broeke (2002) han contrastado también la eficacia del procedimiento de desensibilización mediante movimientos oculares (*Eye Movement Desensitizacion and Reprocessing*, EMDR), manifestando los pacientes tras el tratamiento menor ansiedad dental, disminución de la creencia en pensamientos disfuncionales relacionados con situaciones dentales y cambios comportamentales.

También reseñable –aunque no se reportan datos sobre su eficacia- es la aportación de Chapman y Kirby-Turner (2006), en la que plantean una intervención cognitivo-conductual (*CBT therapy*) específicamente orientada a la población de jóvenes y niños, basándose en los factores que previamente habían identificado en su modelo sobre ansiedad dental. En este sentido, la serie de estudios de Carrillo-Díaz *et al*. (2012; 2012 a, b,c) vienen a refrendar la plausibilidad de reducir el miedo mediante intervenciones focalizadas en aspectos cognitivos similares a los señalados por Chapman y Kirby-Turner. Como se ha comentado anteriormente, en estos estudios se identificaron pensamientos y expectativas concretos que pueden tomarse como objetivos de intervención en la atención a pacientes con niveles elevados de ansiedad o miedo dental. Además, como también se presentó con anterioridad, el modelo de Chapman y Kirby-Turner guarda numerosos parecidos con el Modelo de Vulnerabilidad Cognitiva, que ha recibido apoyo empírico en diversos estudios.

No obstante, a la vista de las contribuciones señaladas, parece necesario desarrollar aún más la investigación sobre intervenciones cognitivas del miedo dental en el contexto específico infantojuvenil, así como disponer de datos empíricos sobre la eficacia de tales intervenciones. La aplicación del enfoque cognitivo-conductual a la intervención sobre el miedo dental infantil emerge, por tanto, como un campo de posibles desarrollos futuros.

6.3. Implicaciones para la práctica odontopediátrica en consulta.

Los factores cognitivos parece que son clave en el mantenimiento del miedo dental. Conociendo esto, los odontopediatras deben canalizar su esfuerzo en hacer ver al paciente que el tratamiento odontológico no es peligroso, puede ser en gran medida predecible, controlable y no necesariamente de él derivan experiencias físicas desagradables. Junto a ello, los odontopediatras —como se ha avanzado ya- pueden ayudar al manejo de expectativas poco realistas sobre la situación dental. Para todo ello, hay una serie de técnicas que puede resultar útil reseñar para poder realizar con éxito la práctica odontopediátrica y lograr que el paciente evalúe los eventos dentales de forma positiva, inhibiendo de esta forma la aparición del miedo dental.

Una de las formas descritas para fomentar el autocontrol del paciente durante el tratamiento odontológico, reduciendo así la probabilidad de que el paciente perciba que el procedimiento es incontrolable, es realizando un acuerdo verbal previo a empezar el tratamiento. En él se le dice al paciente que si en un momento determinado necesita detener el tratamiento (por ejemplo, por cansancio físico) o comunicarle algo al odontólogo (por ejemplo, que siente molestias) puede hacerlo con un simple gesto -como el de levantar la mano-. Con ello, se le da al paciente la capacidad de controlar él mismo el tratamiento odontológico.

Otra técnica que no puede faltar en el gabinete odontopediátrico es la técnica de la distracción, utilizada para modular aspectos cognitivos en lo referido a la variable desagradabilidad. Su objetivo es disminuir la probabilidad de percibir una acción como desagradable, aumentando así la tolerancia del niño. Por ejemplo, se puede utilizar esta técnica de distracción durante la toma de impresiones para que el paciente recuerde sabores, lugares o situaciones que le resulten agradables o cómodos.

Para disminuir o evitar la percepción de impredecibilidad, es necesario que el paciente tenga la información suficiente hasta estar convencido de que sabe lo que le van a hacer y que no hay razones para temerlo. La técnica más empleada para ello es la de "decir-mostrar-hacer", utilizada para evitar que el paciente tema lo desconocido. Esta técnica puede ayudar al paciente a incrementar el conocimiento del "guión" de la consulta, fomentando así su capacidad para anticipar lo que ocurrirá en ella, y se basa en el principio de familiarizar al niño con el entorno dental mediante una aproximación al ambiente e instrumentos de la consulta dental.

Las habilidades de comunicación del odontopediatra y su capacidad para transmitir al niño que la situación dental transcurrirá de un modo no amenazante y seguro para él son, por tanto, aspectos que deben ser cuidados, con el fin de evitar la aparición de respuestas de ansiedad dental. Este tipo de competencias sería aconsejable que fueran incorporadas, de manera sistematizada, en el currículum formativo de estos profesionales.

En resumen, las aportaciones y modelos recogidas en los capítulos anteriores no se quedan en el terreno de lo meramente teórico o en el de la investigación básica sobre el miedo dental infantil, sino que a partir de ellas es posible desarrollar aplicaciones prácticas en ámbitos diversos, siendo conveniente la transferencia de estos conocimientos a profesionales que trabajan en el campo de la prevención en salud oral, en el ámbito de la intervención sobre problemas de ansiedad dental y en la práctica odontopediátrica habitual en la clínica.

7

Reflexión final: el futuro del miedo dental en odontopediatría

Cabría finalmente realizar algunas reflexiones a modo de conclusión sobre la problemática del miedo dental infantojuvenil, sus derivaciones en la práctica odontopediátrica y las líneas futuras de actuación en la investigación sobre este tema.

En primer lugar, parece que –según se deriva de diversas investigaciones- la perspectiva cognitiva no sólo es aplicable al análisis del miedo dental en población adulta, sino que además las variables cognitivas parecen tener una mayor capacidad predictiva de los niveles de miedo dental en niños y adolescentes, en comparación con otras variables no cognitivas. Por ello, la clave del desencadenamiento de la respuesta de ansiedad odontológica parece estar en lo que piensa, cree y anticipa el paciente infantojuvenil sobre las consultas dentales.

En este sentido, la percepción del estado de salud bucodental puede activar el esquema de vulnerabilidad cognitiva del niño y como resultado elicitar la emoción de miedo o ansiedad dental. Pero la ansiedad dental no es un fenómeno que pueda analizarse de forma aislada, sino que para su adecuada comprensión es necesario tener en cuenta cómo se relaciona con otras variables, como la salud oral –ya sea objetiva o subjetiva- de los niños. El miedo dental, además de un problema emocional o psicológico, es claramente un problema de salud dental tanto en un plano individual como público. La ansiedad dental se asocia a peores niveles de salud oral percibida, menor frecuencia de visitas dentales y a un menor grado de bienestar emocional ligado a la condición oral.

Algunos de los modelos teóricos presentados en un capítulo anterior parecen especialmente interesantes de cara a la comprensión y el abordaje del miedo dental. En concreto, parece que –en general- las aportaciones que provienen del Modelo de Vulnerabilidad Cognitiva en adultos pueden ser fácilmente trasladables y aplicables a la población infantojuvenil. Así, dos tipos de pensamientos están especialmente implicados en la ansiedad dental infantil: a) el esquema de vulnerabilidad cognitiva, es decir, la percepción de impredecibilidad, falta de control, peligrosidad y desagradabilidad asociada a las situaciones dentales; y b) las expectativas del niño sobre la situación dental, como la probabilidad percibida de que ocurra algo negativo en el dentista y o la aversividad percibida para ese tipo de eventos.

La importancia de los elementos cognitivos en el miedo dental es tal que el efecto de las experiencias dentales previas sobre el miedo dental infantil podría, plausiblemente, estar mediado por las cogniciones que se desarrollan como consecuencia de tales vivencias. Es decir, que una experiencia dental aversiva tiene un efecto potencialmente ansiógeno en la medida en que sea capaz de promover cogniciones de vulnerabilidad o expectativas de amenaza.

Sabiendo así que los factores cognitivos son una pieza clave en el desarrollo del miedo dental, los odontólogos pueden contribuir a la prevención de la ansiedad dental, ayudando a corregir expectativas inadecuadas sobre las situaciones dentales y motivando la autoeficacia de los pacientes y la propia profesionalidad del odontólogo. Y de nuevo, el Modelo de Vulnerabilidad Cognitiva, entre otros, podría servir de orientación para alcanzar el éxito en intervenciones que traten de prevenir o reducir el miedo dental en edad infantil.

A ello se une el papel de las revisiones periódicas odontológicas, que son imprescindibles; y no sólo por sus efectos en la salud oral, sino también para instaurar un hábito y permitir al niño la habituación conductual para hacer decrecer los niveles de ansiedad dental. Aún más, las visitas dentales frecuentes parecen tener un efecto sobre los pensamientos del niño, contribuyendo –o al menos estando asociadas- con una visión más positiva del entorno dental.

Otras variables -de tipo sociodemográfico en este caso- también juegan su papel en el origen y mantenimiento del miedo dental. El género en concreto parece influir de forma significativa en el miedo dental y en el bienestar emocional ligado al estatus oral. No sólo las niñas tienden a presentar mayores niveles de miedo dental y a manifestar una emocionalidad más negativa derivada de la condición bucal, sino que en ellas el miedo dental y un menor bienestar emocional aparecen claramente asociados. Es por ello que de cara a la prevención, el género femenino debería ser considerado como un grupo de riesgo.

Obviamente, son aún muchas las necesidades que aún existen de cara al análisis del miedo dental infantil y sus relaciones con la salud oral en esta población. Se señalan a continuación algunas líneas en torno a las cuales se podrían organizar aportaciones futuras.

Una primera tarea que queda por hacer es la contrastación, de manera completa, de un modelo en el que se integren los distintos elementos relacionados con la ansiedad dental infantil. Las investigaciones y aportaciones previas han enfocado partes de lo que podría ser un modelo comprensivo del miedo dental, pero queda aún por comprobarse cómo encajan todas las piezas de este puzzle (experiencias dentales, factores de personalidad, influencias sociales, aspectos cognitivos, consecuencias para la salud del miedo dental, etc.) cuando se ponen juntas todas ellas. Y en este sentido, sería interesante realizar futuros análisis en los que se pusiera a prueba la interacción entre las distintas variables que incluiría un modelo así.

Como se apuntó con anterioridad, las influencias sociales juegan un papel importante en el miedo dental de los niños. En esta línea, una posible vía de desarrollos futuros es la aplicación de la perspectiva socio-cognitiva en la comprensión del miedo dental. Es decir, la traslación de los modelos explicativos de naturaleza cognitiva a un nivel inter-subjetivo, en el que se analicen cómo las cogniciones ansiógenas de las personas que rodean al niño influyen sobre sus propios pensamientos y sus niveles de miedo dental. La literatura previa asume en gran medida que la transmisión del miedo dental de padres a hijos ocurre mediante aprendizaje observacional o vicario, pero sería interesante comprobar si los niños también llegan a aprender un determinado estilo de pensamiento y si es ésta la clave de las correlaciones que estudios previos (Boman *et al.*, 2008; Lee, Chang y Huang, 2008; Nuttall, Gilbert y Morris, 2008) han hallado entre los niveles de miedo dental en las familias.

Mucha de la investigación previa en miedo dental, por otra parte, se ha realizado en base a medidas de autoinforme, lo que supone una posible limitación a sus conclusiones. En este sentido, la investigación futura podría enfocarse también al análisis de las relaciones encontradas tomando, de manera alternativa a lo realizado hasta ahora, medidas de tipo objetivo, como pueden ser medidas de tipo psicofisiológico en el caso de la ansiedad dental (tasa cardiaca, presión sanguínea, respuesta electrodérmica, etc). Un estudio así abordaría los correlatos psicofisiológicos asociados a las cogniciones ansiógenas que reportan los niños con miedo dental.

También como forma de paliar las deficiencias posibles de los métodos empleados habitualmente en la investigación en miedo dental, sería conveniente el desarrollo de estudios que siguieran una estrategia longitudinal, lo que podría contribuir a esclarecer la dirección de la causalidad en las relaciones encontradas y al análisis de los orígenes y evolución del miedo dental desde la infancia y adolescencia hasta la edad adulta.

Otras posibles líneas de desarrollo futuro tienen que ver con las aplicaciones prácticas derivadas de los resultados obtenidos en estudios sobre el tema del miedo y la ansiedad dental en niños y adolescentes. Así, a partir de ellos, es posible el diseño de intervenciones orientadas a la prevención y/o reducción de los niveles elevados de ansiedad dental en población infantil. Tales intervenciones podrían tener un marcado carácter cognitivo-conductual, así como un cierto componente educativo, de forma que se tratasen de promover evaluaciones adaptativas sobre las situaciones dentales. En este caso, la investigación se orientaría a la evaluación de la eficacia de las distintas estrategias de intervención que se empleasen para el logro de dicho objetivo.

Igualmente, ya que la literatura previa ha identificado que el miedo dental en niños se asocia de manera significativa a problemas de comportamiento durante las consultas odontológicas (Klingberg y Broberg, 2007), sería interesante profundizar en cómo los niños con altos niveles de miedo dental afrontan las consultas, y en particular, aplicando el enfoque cognitivo, en cómo los pensamientos de uno u otro tipo pueden conducir al empleo de estrategias de afrontamiento adecuadas o inadecuadas. Nuevamente, de esta línea de investigación podrían derivarse aplicaciones prácticas en la forma de recomendaciones o intervenciones para el manejo de problemas de comportamiento en consulta vinculados al miedo dental.

Finalmente, una última línea posible de investigación futura resultaría de especial interés en el caso de la epidemiología y la salud dental comunitaria, y es el desarrollo de un estudio sobre la prevalencia del miedo y la ansiedad dental en población infantil, llevado a cabo sobre una muestra representativa. En otros países, como Australia –de donde parte el Modelo de Vulnerabilidad Cognitiva- se vienen realizando ya este tipo de encuestas (Armfield, 2010b), si bien es cierto que se orientan fundamentalmente a población juvenil y adulta. Una investigación así podría contribuir no sólo a establecer la proporción de niños afectados por el miedo dental, sino también a determinar el grado en que ciertos pensamientos negativos sobre los dentistas o los tratamientos dentales están extendidos en esta población, contribuyendo –en un nivel más sociológico- a mantener una visión estereotipada negativa de la asistencia a consultas dentales.

En definitiva, el fenómeno del miedo dental infantil, por sus muchas ramificaciones, es una realidad compleja que requiere para su análisis un enfoque multidisciplinar, en el que se combinen las aportaciones de odontopediatras, psicólogos o especialistas en prevención y salud pública, entre otros profesionales sanitarios. La concurrencia de estas perspectivas puede enriquecer considerablemente nuestro conocimiento actual de la problemática de la ansiedad dental en niños y adolescentes, contribuyendo así a la mejora de la calidad de vida y la salud de la población posiblemente más vulnerable, la población infantil. En este sentido, es mucho aún el trabajo que queda por hacer.

BIBLIOGRAFÍA

Abrahamsson KH, Berggren U, Hallberg L, Carlsson SG. Dental phobic patients' view of dental anxiety and experiences in dental care: a qualitative study. Scand J Caring Sci 2002; 16(2): 188-196.

Aiken LS, West SG. Multiple regression: testing and interpreting interactions. London: Sage; 1991.

Alberth M, Nemes J, Torok J, Makay A, Math J. Effects of the parents' dental fear on the child's oral health. Fogorv Sz 2001; 94(5): 205-207.

American Psychiatric Association. Diagnostic and statistical manual of mental disorders. 4th ed., text. rev. Washington, DC: APA; 2000.

Armfield JM. Development and Psychometric Evaluation of the Index of Dental Anxiety and Fear (IDAF-4C). Psychol Assess 2010a; 22(2): 279-287.

Armfield JM. Towards a better understanding of dental anxiety and fear: cognitions vs. experiences. Eur J Oral Sci 2010b; 118(3): 259-264.

Armfield JM., Mattiske JK. Vulnerability representation: the role of perceived dangerousness, uncontrollability, unpredictability and disgustingness in spider fear. Behav ResTher 1996; 34(11-12): 899–909.

Armfield JM, Spencer AJ, Stewart JF. Dental fear in Australia: who's afraid of the dentist? Aust Dent J 2006; 51(1): 78-85.

Armfield JM, Stewart JF, Spencer AJ. The vicious cycle of dental fear: exploring the interplay between oral health, service utilization and dental fear. BMC Oral Health 2007; 7(1): 1-15.

Armfield JM, Slade GD, Spencer AJ. Cognitive vulnerability and dental fear. BMC Oral Health 2008; 8(2): 1-11.

Armfield JM, Slade GD, Spencer AJ. Dental fear and adult oral health in Australia. Community Dent Oral Epidemiol 2009; 37(3): 220-230.

Arntz A, Van Eck M, Heijmans M. Predictions of dental pain: the fear of any expected evil, is worse than the evil itself. Behav Res Ther 1990; 28(1): 29-41.

Baier K, Milgrom P, Russell S, Mancl L, Yoshida T. Children's fear and behavior in private pediatric dentistry practices Pediatr Dent 2004; 26(4): 316-321.

Bailey PM, Talbot A, Taylor PP. A comparison of maternal anxiety levels with anxiety levels manifested in the child dental patient. J Dent Child 1973; 40(4): 277–284.

Bakarcic D, Jokic NI, Majstorovic M, Skrinjaric A, Zarevski P. Structural analysis of dental fear in children with and without dental trauma experience. Coll Antropol 2007; 31(3): 675-681.

Bandura A. Self-efficacy determinants of anticipated fears and calamities. J Pers Soc Psychol 1983; 45(2): 464–468.

Bandura A. Social Learning Theory. Englewood Cliffs, NJ: Prentice Hall; 1977.

Barberia E, Boj JR, Catalá M, García C, Mendoza A. Odontopediatría. 2ªed Barcelona: Masson; 2001.

Baron RM, Kenny DA. The moderator-mediator variable distinction in social psychological research: conceptual, strategic, and statistical considerations. J Pers Soc Psychol 1986; 51(6): 1173-1182.

Beck AT, Emery G, Greenberg RL. Anxiety Disorders and Phobias: a Cognitive Perspective. New York: Basic Books; 1995.

Bedi R, Sutcliffe P, Donnan Pt, Barrett N, Mcconnachie J. Dental caries experience and prevalence of children afraid of dental treatment. Community Dent Oral Epidemiol 1992a; 20(6): 368-71.

Bedi R, Sutcliffe P, Donnan PT, McConnaghie J. The prevalence of dental anxiety in a group of 13- and 14-year-old Scottish children. Int J Paediatr Dent 1992b; 2(1): 17-24.

Bennett-Levy J, Marteau T. Fear of animals: What is prepared? Brit J Psychol 1983; 75(1): 37–42.

Berggren U. General and specific fears in referred and selfreferred adult patients with extreme dental anxiety. Behav Res Ther 1992; 30(4): 395–401.

Berggren U. Long-term management of the fearful adult patient using behavior modification and other modalities. J Dent Educ 2001; 65(12): 1357-1368.

Berggren U, Meynert G. Dental fear avoidance: causes, symtomps and consequences. J Am Dent Assoc 1984; 109(2): 247-251.

Berggren U, Hakeberg M, Carlsson SG. Relaxation vs.cognitively oriented therapies for dental fear. J Dent Res 2000; 79(9): 1645-1651.

Bernstein DA, Kleinknecht RA, Alexander LD. Antecedents of dental fear. J Public Health Dent 1979; 39(2): 113–124.

Bögels S, Phares V. Father's role in the etiology, prevention and treatment of child anxiety: a review and new model. Clin Psychol Rev 2008; 28(4): 539-558.

Boj JR, Cortés O, Muñoz C. Odontopediatría: la evolución del niño al adulto joven. Madrid: Ripano; 2010.

Boman U, Lundgren J, Elfström M, Berggren U. Common use of a Fear Survey Schedule for assessment of dental fear among children and adults. Int J Paediatr Dent 2008; 18(1): 70-76.

Booth-Butterfield M, Booth-Butterfield S, Koester J.The function of uncertainty in alleviating primary tension in small groups. Commun Res Reports 1988; 5(2): 146−153.

Boomsma D, Busjahn A, Peltonen L. Classical twin studies and beyond. Nat Rev Genet 2002; 3(11): 872-883.

Brennan MT, Runyon MS, Batts JJ, Fox PC, Kent ML, Cox TL, Norton HJ, Lockhart PB. Odontogenic signs and symptoms as predictors of Odontogenic Infection: A clinical trial. J Am Dent Assoc 2006; 137(1): 62-66.

Bussadori SK, Domingues M, Porta K, Cardoso C, Jansiski L, Haidar S, Marcilio E. "Avaliação da Biocompatibilidade in vitro de um Novo Material Para a Remoção Química e Mecânica da Cárie". Pesq Bras Odontoped Clin Integr set/dez 2005; 5(3): 254-255.

Carrillo-Díaz M, Crego A, Romero M. The influence of gender on the relationship between dental anxiety and oral health-related emotional well-being. Int J Paediatr Dent 2012; en prensa.

Carrillo-Díaz M, Crego A, Armfield J, Romero M. Assessing the relative efficacy of cognitive and non-cognitive factors as predictors of dental anxiety. Eur J Oral Sci 2012a; 120: 82–88.

Carrillo-Díaz M, Crego A, Armfield J, Romero M. Self-assessed oral health, cognitive vulnerability and dental anxiety in children: testing a mediational model. Community Dent Oral Epidemiol 2012b; 40: 8-16.

Carrillo-Díaz M, Crego A, Armfield J, Romero M. Treatment experience, frequency of dental visits, and children's dental fear: a cognitive approach. Eur J Oral Sci 2012c; 120: 75–81.

Castillo MR, Manual de Odontología Pediátrica. Medellín, Colombia: AMOLCA. 1996.

Chapman HR., Kirby-Turner NC. Dental fear in children: a proposed model. Brit Dent J 1999; 187(8): 408-412.

Chapman HR, Kirby-Turner NC. Getting through dental fear with CBT: a young person's guide. Oxon: Blue Stallion Publications; 2006.

Chellapah NK, Vignehsa H, Milgrom P, Lo GL. Prevalence of dental anxiety and fear in children in Singapore. Community Dent Oral Epidemiol 1990; 18(5): 269-271.

Cohen S, Fiske J, Newton T. The impact of dental anxiety on daily living. Br Dent J 2000; 189(7): 385-390.

Correa MSMP. Odontopediatria na primeira infancia. São Paulo: Santos; 1998.

Costello EJ, Mustillo S, Erkanli A, Keeler G, Angold A. Prevalence and development of disorders in childhood and adolescence. Arch Gen Psychiatry 2003; 60(8): 837–844.

Craske MG, Zarate R, Burton T, Barlow DH. Specific fears and panic attacks: A survey of clinical and nonclinical samples. J Anxiety Disord 1993; 7(1): 1–19.

Craske MG, Barlow DH. Panic disorder and agoraphobia. In Barlow DH. Clinical handbook of psychological disorders 4nd ed. New York: Guildford Press; 2008, pp-1-61.

Cuthbert Ml, Melamed BG. A screening device: Children at risk for dental fears and management problems. J Dentist Child 1982; 49(6): 432-436.

Davey GCL. Dental phobias and anxieties: Evidence for conditioning processes in the acquisition and modulation of a learned fear. Behav Res Ther 1989; 27(1): 51-58.

Davey GCL. Classical conditioning and the acquisition of human fears and phobias: A review and synthesis of the literature. Adv Behav Res Ther 1992a; 14(1): 29−66.

Davey GCL. Characteristics of individuals with fear of spiders. Anxiety Res 1992b; 4(4): 299−314.

Davey GCL. Factors influencing self-rated fear to a novel animal. Cognition Emotion 1993; 7(5): 461−471.

Davey GCL. Self-reported fears to common indigenous animals in an adult UK population: The role of disgust sensitivity. Brit J Psychol 1994; 85(4): 541–554.

Davey GCL, Forster L, Mayhew G. Familial resemblances in disgust sensitivity and animal phobias. Behav Res Ther 1993; 31(1): 41–50.

De Jongh A, ter Horst G. What do anxious patients think? An exploratory investigation of anxious dental patients' thoughts. Community Dent Oral Epidemiol 1993; 21(4): 221-223.

De Jongh A, Muris P, Schoenmakers N, Ter Horst G. Negative cognitions of dental phobics: reliability and validity of the dental cognitions questionnaire. Behav Res Ther 1995a; 33(5): 507-515.

De Jongh A, Muris P, ter Horst G, Duyx MP. Acquisition and maintenance of dental anxiety: the role of conditioning experiences and cognitive factors. Behav Res Ther 1995b; 33(2): 205-210.

De Jongh A, Muris P, ter Horst G, van Zuuren F, Schoenmakers N, Makkes P. One-session cognitive treatment of dental phobia: preparing dental phobics for treatment by restructuring negative cognitions. Behav Res Ther 1995c; 33(8): 947-954.

De Jongh A, ter Horst G. Dutch students' dental anxiety and occurrence of thoughts related to treatment. Community Dent Oral Epidemiol 1995d; 23(3): 170-172.

De Jongh A, Muris P, Merckelbach, H, Schoenmakers N. Suppresion of dentist-related thoughts. Behav Cogn Psychoth 1996; 24(2): 117-126.

De Jongh A, Bongaarts G, Vermeule I, Visser K, De Vos P, Makkes P. Blood-injury-injection phobia and dental phobia. Behav Res Ther 1998; 36(10): 971-982.

De Jongh, A, van den Oord HJM, ten Broeke E. Efficacy of Eye Movement Desensitization and Reprocessing in the treatment of specific phobias: four single case-studies on dental phobia. J Clin Psychol 2002; 58(12): 1489-1503.

De la Gándara M, Fuertes JC. Ansiedad y angustia: causas, síntomas y tratamiento. Madrid: Pirámide; 1999.

Doerr P, Lang P, Nyquist L, Ronis D. Factors associated with dental anxiety. J Am Dent Assoc 1998; 129 (8): 1111-1119.

Domes G, Schulze L, Böttger M, Grossmann A, Hauenstein K, Wirtz P. The neural correlates of sex differences in emotional reactivity and emotion regulation. Hum Brain Mapp 2010; 3(5): 758-769.

Domoto PK, Weinstein P, Melnick S, Ohmura M, Uchida H, Ohmachi K, Hori M, Okazaki Y, Shimamoto T, Matsumura S, Shimono T. Results of a dental fear survey in Japan: implications for dental public health in Asia. Community Dent Oral Epidemiol 1988; 16(4): 199–201.

Edmunds R, Buchanan H. Cognitive vulnerability and the aetiology and maintenance of dental anxiety. Community Dent Oral Epidemiol 2012; 40(1): 17-25.

Ehlers A, Hofmann SG, Herda CA, Roth WT. Clinical characteristics of driving phobia. J Anxiety Disord 1994; 8(4): 323-329.

Eitner S, Wichmann M, Paulsen A, Holst S. Dental anxiety-an epidemiological study on its clinical correlation and effects on oral health. J Oral Rehabil 2006; 33(8): 588-593.

Eysenck HJ. The learning theory model of neurosis--a new approach. Behav Res Ther 1976; 14(4): 251-267.

Fernández Parra A, Gil Roales Nieto J. Odontología conductual: Una revisión de las áreas y procedimientos de intervención. Granada: Servicio de Publicaciones de la Universidad de Granada; 1991.

Field A, Cartwright-Hatton S, Reynolds S, Creswell C. Future directions for child anxiety theory and treatment. Cognition Emotion 2008; 22(3): 385-394.

Field A, Lawson J. The verbal information pathway to fear and subsequent causal learning in children. Cognition Emotion 2008; 22(3): 459-479.

Firat D, Tunc E, San V. Dental anxiety among adults in Turkey. J Contemp Dent Pract 2006; 7(3): 75-82.

Foa EB, Steketee G, Rothbaum BD. Behavioural/cognitive conceptualizations of post-traumatic stress disorder. Behav Ther 1989; 20(2): 155–176.

Folkman S, Lazarus RS. An analysis of coping in a middle-aged community sample. J Health Soc Behav 1980; 21(3): 219-239.

Folkman S, Lazarus RS. If it changes it must be a process: study of emotion and coping during three stages of a college examination. J Pers Soc Psychol 1985; 48(1): 150-170.

Folkman S, Lazarus RS, Dunkel-Schetter C, DeLongis A, Gruen RJ. Dynamics of a stressful encounter: cognitive appraisal, coping, and encounter outcomes. J Pers Soc Psychol 1986; 50(5): 992-1003.

Folkman S, Lazarus RS. Coping as a mediator of emotion. J Pers Soc Psychol 1888a; 54(3): 466–475.

Folkman S, Lazarus RS. The relationship between coping and emotion: Implications for theory and research. Soc Sci Med 1888b; 26(3): 309–317.

Foster-Page LA, Thomson WM, Jokovic A, Locker D. Validation of the Child Perceptions Questionnaire (CPQ 11-14). J Dent Res 2005; 84(7): 649-652.

Frazer M, Hampson S. Some personality factors related to dental anxiety and fear of pain. Br Dent J 1988; 165(12): 436–439.

Freeman R. A fearful child attends: a psychoanalytic explanation of children's responses to dental treatment. Int J Paediatr Dent 2007; 17(6): 407–418.

Freud, S. Anxiety. In Introductory Lectures on Psychoanalysis. The Standard Edition of the Complete Psychological Works of Sigmund Freud, part III, chapter XXV. London: Hogarth Press; 1916-1917.

García E, García R. Variables psicológico-comportamentales del dolor en tratamiento odontopediatrico: problemática y estrategias de afrontamiento. Psiquiatría.com [revista en Internet] 2001; 4(4):1-3. Disponible en: http://www.psiquiatria.com/psiquiatria/revista/48/2884/?++interactivo. [Acceso 18 de agosto del 2006].

Geer JH, Maisel E. Evaluating the effects of the prediction-control confound. J Pers Soc Psychol 1972; 23(3): 314−319.

Gillespie RD. War neuroses after psychological trauma. Br Med J 1945; 1(4401): 653−656.

Glass DC, Reim B, Singer JE. Behavioral consequences of adaptation to controllable and uncontrollable noise. J Exp Soc Psychol 1971; 7(2): 244−257.

Grembowski D, Milgrom PM. Increasing access to dental care for Medicaid preschool children: the access to baby and child dentistry (ABCD) program. Public Health Rep 2000; 115(5): 448-459.

Gustafsson A. Dental behaviour management problems among children and adolescents--a matter of understanding? Studies on dental fear, personal characteristics and psychosocial concomitants. Swed Dent J Suppl 2010; (202): 2 p preceding 1-46.

Gustafsson A, Arnrup K, Broberg A, Bodin L, Berggren U. Psychosocial concomitants to dental fear and behavior management problems. Int J Paediatr Dent 2007; 17(6): 449-459.

Gustafsson A, Broberg A, Bodin L, Berggren U, Arnrup K. Dental behaviour management problems: the role of child personal characteristics. Int J Paediatr Dent 2010a; 20(4): 242-253.

Hagglin C, Hakeberg M, Hallstrom T, Berggren U, Larsson L, Waern M, Pálsson S, Skoog I. Dental anxiety in relation to mental health and personality factors. A longitudinal study of middle-aged and elderly women. Eur J Oral Sci 2001; 109(1): 27-33.

Hakeberg M, Berggren U, Carlsson SG. Prevalence of dental anxiety in an adult population in a major urban area in Sweden. Community Dent Oral Epidemiol 1992; 20(2): 97-101.

Hatfield E, Cacioppo JT, Rapson RL. Emotional contagion. Curr Dir Psychol Sci 1993; 2: 96-99.

Hatfield E, Cacioppo JT, Rapson RL. Emotional contagion. New York: Cambridge University Press; 1994.

Hernández GG. Ansiedad y trastornos de ansiedad [monografía en Internet].Chile: Departamento de Psiquiatría y Salud Mental Sur. Facultad de Medicina, U de Chile; 2005. Disponible en: http://www.med.uchile.cl/apuntes/archivos/2007/medicina/Ansied ad%20y%20tra stornos%20.pdf [Acceso 19 de agosto del 2006]

Hettema JM, Neale MC, Kendler KS. A review and meta-analysis of the genetic epidemiology of anxiety disorders. Am J Psych 2004; 158(10): 1568-1578.

Holst A, Schro der U, Ek L, Hallonsten AL, Crossner CG. Prediction of behavior management problems in children. Scand J Dent Res 1988; 96(5): 457–465.

Holst A, Crossner CG. Direct ratings of acceptance of dental treatment in Swedish children. Community Dent Oral Epidemiol 1987; 15(5): 258-263.

Hubert Ma, Terezhalmy GT. The use of cox-2 inhibitors for acute dental pain. A second look. J Am Dent Assoc 2006; 137(4): 480-487.

Humphris G, Morrison T, Lindsay S. The Modified Dental Anxiety Scale: validation and United Kingdom norms. Community Dent Health 1995; 12(3): 143–150.

Inglehart MR, Silverton SF, Sinkford JC. Oral health-related quality of life: does gender matter? In: Inglehart MR and Bagramian RA, editors. Oral health-related quality of life. Chicago: Quintessence Publishing 2002: 111-121.

Jain K, Davey GCL. A factor analysis study of fears concerning animals. Med Sci Res 1992; 20(5): 171–172.

Johnsen BH, Thayer JF, Laberg JC, Wormnes JB, Raadal M, Skaret E, Kvale G, Berg E. Attentional and physiological characteristics of patients with dental anxiety. J Anxiety Disord 2003; 17(1): 75-87.

Jokovic A, Locker D, Guyatt G. Short forms of the Child Perceptions Questionnaire for 11-14 year old children (CPQ11-14): Development and initial evaluation. Health Qual Life Outcomes 2006; 19(4): 4.

Karjalainen S, Olak J, Söderling E, Pienihäkkinen K, SimelL O. Frequent exposure to invasive medical care in early childhood and operative dental treatment associated with dental apprehension of children at 9 years of age. Eur J Paediatr Dent 2003; 4(4): 186-190.

Kleinknecht RA, Klepac RK, Alexander LD. Origins and characteristics of fear of dentistry. J Am Dent Assoc 1973; 86(4): 842-848.

Kendall PC, Ingram R. The future for cognitive assessment of anxiety: Let's get specific. En Michelson LY, Ascher L. M. Anxiety and Stress disorders. New York: Guilford Press; 1987, pp. 89-104.

Kennedy LW, Silverman RA. Perception of social diversity and fear of crime. Environ Behav 1985; 17(3): 275–295.

Kent G. Cognitive processes in dental anxiety. Brit J Clin Psychol 1985; 24(4): 259-264.

Kent G. Cognitive aspects of the maintenance and treatment of dental anxiety: a review. J Cognitive Psychoth 1989; 3(3): 201-221.

Kent G, Gibbons R. Self-efficacy and the control of anxious cognitions. J Behav Ther. & Exp Psychiat 1987; 18(1): 33-40.

King NJ, Hamilton DI, Ollendick TH. Children's Phobias: A Behavioural Perspective. Chichester: Wiley; 1988.

Klaassen M, Veerkamp J, Hoogstraten J. Predicting dental anxiety. The clinical value of anxiety questionnaires: an explorative study. Eur J Paediatr Dent 2003; 4(4): 171–176.

Klaassen MA, Veerkamp JS, Hoogstraten J. Dental fear, communication, and behavioural management problems in children referred for dental problems. Int J Paediatr Dent 2007; 17(6): 469-477.

Klatchoian DA. Psicología odontopediátrica. San Pablo: Sarvier; 1993.

Kleiman MB. Fear of dentists as an inhibiting factor in children's use of dental services. ASDC J Dent Clin 1982; 49(3): 209-213.

Klingberg G, Berggren U, Noren JG. Dental fear in an urban Swedish child population: prevalence and concomitant factors. Community Dent Health 1994; 11(4): 208-214.

Klingberg G, Berggren U, Carlsson SG, Noren JG. Child dental fear: cause-related factors and clinical effects. Eur J Oral Sci 1995; 103(6): 405-412.

Klingberg G, Broberg AG. Dental fear/anxiety and dental behaviour management problems in children and adolescents: a review of prevalence and concomitant psychological factors. Int J Paediatr Dent 2007; 17(6): 391-406.

Klinnert MD, Campos JJ, Sorce J F, Emde RN, Svedja M. Emotions as behavior regulators: social referencing in infancy. New York: Academic Press; 1983.

Krochali M. An overview of the treatment of anxious and phobia dental patients. Compend Contin Educ Dent 1993; 43(5): 604-615.

Kulich KR, Berggren U, Hakeberg M, Gustafsson JE. Factor structure of the Dental Beliefs Survey in a dental phobic population. Eur J Oral Sci 2001; 109(4): 235–240.

Kumar S, Bhargav P, Patel A, Bhati M, Balasubramanyam G, Duraiswamy P, Kulkarni S. Does dental anxiety influence oral health-related quality of life? Observations from a cross-sectional study among adults in Udaipur district, India. J Oral Sci 2009; 51(2): 245-254.

Kunzelmann K-H, Dtinninger P. Dental fear and pain: effect on patient's perception of the dentist. Community Dent Oral Epidemiol 1990; 18(5): 264-266.

Lago-Mendez L, Diniz-Freitas M, Senra-Rivera C, Seoane-Pesqueira G, Gandara-Rey JM, Garcia-Garcia A. Dental anxiety before removal of a third molar and association with general trait anxiety. J Oral Maxillofac Surg 2006; 64(9): 1404-1408.

Lang, Pi. (1968): Fear reduction and fear behaviour: Problems in treating a construct. En SItilen, J.M. (Ed.): Research in psychotherapy, vol. III. Washington: American Psichological. Association.

Lang PJ, Cuthbert BN. Affective information processing and the assessment of anxiety. J Behav Assess 1984; 6(4): 369–395.

Lara A, Crego A, Romero-Maroto M. Emotional contagion of dental fear to children: the fathers' mediating role in parental transfer of fear. Int J Paediatr Dent 2012; en prensa.

Law A, Logan H., Baron R. Desire for control, felt control, and stress inoculation training during dental treatment. J Pers Soc Psychol 1994; 67(5): 926-936.

Lazarus RS. Progress on a cognitive-motivational-relational theory of emotion. Am Psychol 1991; 46(8): 819-834.

Lee CY, Chang YY, Huang ST. The clinically related predictors of dental fear in Taiwanese children. Int J Paediatr Dent 2008; 18(6): 415-422.

Leventhal H, Nerenz DR, Steele DJ. Handbook of psychology and health. Hillsdale: Lawrence Erlbaum Associates; 1984.

Lick JR, Unger TE. External validity of laboratory fear assessment: Implications from two case studies. J Consult Clin Psych 1975; 43(6): 864−866.

Liddell A, Murray P. Age and sex differences in children´s reports of dental anxiety and self-efficacy relating to dental visits. Can J Behav Sci 1989; 21(3): 270-279.

Lipsitz JD, Barlow DH, Mannuzza S, Hofmann SG, Fyer AJ. Clinical features of four DSM-IV-Specific Phobia subtypes. J Nerv Ment Dis 2002; 190(7): 471−478.

Locker D. Disparities in oral health-related quality of life in a population of Canadian children. Community Dent Oral Epidemiol 2007b; 35(5): 348-356.

Locker D, Shapiro D, Liddell A. Negative dental experiences and their relationship to dental anxiety. Community Dent Health 1996; 13(2): 86-92.

Locker D, Shapiro A, Liddell A. Overlap between dental anxiety and blood-injury fears: Psychological characteristics and avoidance of dental care. Behav Res Ther 1997; 35(7): 583-590.

Locker D, Liddell A, Dempster L, Shapiro D. Age of onset of dental anxiety. J Dent Res 1999; 78(3): 790-796.

Locker D, Allen F. What do measures of 'oral health-related quality of life' measure? Community Dent Oral Epidemiol 2007; 35(6): 401-411.

Logan H, Baron R, Keeley K, Law A, Stein S. Desired control and felt control as mediators of stress in a dental setting. Health Psychol 1991; 10(5): 352-359.

Lox CL. Perceived threat as a cognitive component of state anxiety and confidence. Percept Motor Skills 1992; 75(3): 1092–1094.

Luoto A, Lahti S, Nevanpera T, Tolvanen M, Locker D. Oral-health-related quality of life among children with and without dental fear. Int J Paediatr Dent 2009; 19(2): 115-120.

Maniglia-Ferreira C, Gurgel-Filho ED, Bönecker-Valverde G, Moura EH, Deus G, Coutinho-Filho T. Ansiedade odontológica: nivel, prevalência e comportamento. RBPS 2004; 17(2): 51-55.

Marks IM. Fears, Phobias and Rituals. Panic, Anxiety and their Disorders. New York: Oxford University Press; 1987.

Márquez-Rodríguez JA, Navarro-Lizaranzu C, Cruz-Rodríguez D, Gil-Flores J. ¿Por qué se le tiene miedo al dentista? Estudio descriptivo de la posición de los pacientes de la Sanidad Pública en relación a diferentes factores subyacentes a los miedos dentales RCOE 2004; 9(2): 165-174.

Mason J, Pearce MS, Walls AW, Parker L, Steele JG. How do factors at different stages of the lifecourse contribute to oral-health-related quality of life in middle age for men and women? J Dent Res 2006; 85(3): 257-261.

Matchett, G, Davey GCL. A test of a disease-avoidance model of animal phobias. Behav Res Ther 1991; 29(1): 91-94.

McGrath C, Bedi R. The association between dental anxiety and oral health-related quality of life in Britain. Community Dent Oral Epidemiol 2004; 32(1): 67-72.

McNeil DW, Sorrell JT, Vowles KE. Emotional and environmental determinants of dental pain. En: Mostofsky D, Forgione A, Giddon D. Behavioral Dentistry. Oxford: Blackwell Munksgaard; 2006, pp. 79-98.

Mehrstedt M, Tonnies S, Eisentraut I. Dental fears, health status, and quality of life. Anesth Prog 2004; 51(3): 90-94.

Mehrstedt M, John MT, Tonnies S, Micheelis W. Oral health-related quality of life in patients with dental anxiety. Community Dent Oral Epidemiol 2007; 35(5): 357-363.

Milgrom P, Weinstein P, Kleinknecht RA, Getz T. Treating fearful dental patients. A clinical handbook. Reston VA: Reston Publishing Company; 1985.

Milgrom P, Mancl L, King B, Weinstein P. Origins of childhood dental fear. Behav Res Ther 1995; 33(3): 313-319.

Milgrom P, Mancl L, King B, Weinstein P, Wells N, Jeffcott E. An explanatory model of the dental care utilization of low-income children. Med Care 1998; 36(4): 554-566.

Milsom KM, Tickle M, Humphris GM, Blinkhorn AS. The relationship between anxiety and dental treatment experience in 5-year-old children. Br Dent J 2003; 194: 503-506.

Moore R, Brødsgaard I, Rosenberg N. The contribution of embarrassment to phobic dental anxiety: a qualitative research study. BMC Psychiatry 2004; 19(4): 10.

Moscoso MS. "Stress, salud y emociones: estudio de la ansiedad, cólera y hostilidad". Rev de Psicología UNMSM 1998; 3(3): 47-48.

Mowrer OH. Stimulus response theory of anxiety. Psychol Rev 1939; 46, 553-565.

Muris P, Steerneman P, Merckelbach H, Meesters C. The role of parental fearfulness and modeling in children's fear. Behav Res Ther 1996; 34(3): 265-268.

Muris P, Field A. Distorted cognitions and pathological anxiety in children and adolescents. Cognition Emotion 2008; 22(3): 395-421.

Ng SK, Leung WK. A community study on the relationship of dental anxiety with oral health status and oral health-related quality of life. Community Dent Oral Epidemiol 2008; 36(4): 347-356.

Nicolas E, Bessadet M, Collado V, Carrasco P, Rogerleroi V, Hennequin M. Factors affecting dental fear in French children aged 5-12 years. Int J Paediatr Dent 2010; 20(5): 366-373.

Nuttall N, Gilbert A, Morris J. Children's dental anxiety in the United Kingdom in 2003. J Dent 2008; 36(11): 857-860.

Öhman A, Mineka S. Fears, phobias, and preparedness: Toward an evolved module of fear and fear learning. Psychol Rev 2001; 108(3): 483–522.

Oosterink FM, de Jongh A, Aartman IH. What are people afraid of during dental treatment? Anxiety-provoking capacity of 67 stimuli characteristic of the dental setting. Eur J Oral Sci 2008; 116(1): 44-51.

Oosterink FM, de Jongh A, Hoogstraten J. Prevalence of dental fear and phobia relative to other fear and phobia subtypes. Eur J Oral Sci 2009; 117(2): 135-143.

Öst, LG, Hugdahl K. Acquisition of blood and dental phobia and anxiety response patterns in clinical patients. Behav Res Ther 1985; 23(1): 27–34.

Paulov I. Conditioned reflexes. London: Oxford University Press; 1927.

Poulton R, Waldie KE, Craske MG, Menzies RG, McGee R. Dishabituation processes in height fear and dental fear: an indirect test of the non-associative model of fear acquisition. Behav Res Ther 2000; 38(9): 909-919.

Pérez N, González C, Guedes A, Salete M. Factores que pueden generar miedo al tratamiento estomatológico en niños de 2 a 4 años de edad. Rev Cubana Estomatol 2002; 39(3).

Pohjola V, Lahti S, Vehkalahti MM, Tolvanen M, Hausen H. Association between dental fear and dental attendance among adults in Finland. Acta Odontol Scand 2007; 65(4): 224-230.

Pohjola V, Lahti S, Suominen-Taipale L, Hausen H. Dental fear and subjective oral impacts among adults in Finland. Eur J Oral Sci 2009; 117(3): 268-272.

Rachman S. The passing of the two-stage theory of fear and avoidance: Fresh possibilities. Behav Res Ther 1976 14(2): 125–131.

Rachman S. The conditioning theory of fear-acquisition: A critical examination. Behav Res Ther 1977; 15(5): 375–387.

Rachman S. The determinants and treatment of simple phobias. Behav Res Ther 1990; 12: 1–30.

Rantavuori K. Aspects and determinants of children's dental fear. Acta Universitatis Ouluensis D Medica 2008; 991: 1-102.

Rantavuori K, Tolvanen M, Hausen H, Lahti S, Seppa L. Factors associated with different measures of dental fear among children at different ages. J Dent Child (Chic) 2009; 76(1): 13-19.

Ray J, Boman UW, Bodin L, Berggren U, Lichtenstein P, Broberg AG. Heritability of dental fear. J Dent Res 2010; 89(3): 297-301.

Ripa L, Barenie JT. Manejo de la conducta odontológica del niño. Buenos Aires, Argentina: Mundi SAIC; 2004.

Real Academia Española de la Lengua. Diccionario de la lengua española (22ª edición). Madrid: Espasa-Calpe; 2001.

Roberts JT. Psychosocial effects of workplace hazardous exposures: Theoretical synthesis and preliminary findings. Soc Probl 1993; 40(1): 74–89.

Rodríguez Vázquez LM, Rubiños López E, Varela Centelles A, Blanco Otero AI, Varela Otero F, Varela Centelles P. Stress amongst primary dental care patients. Med Oral Patol Oral Cir Bucal. 2008; 13(4): E253-256.

Rowe M. Dental fear: comparisons between younger and older adults. Am J Health Studies 2005; 20(4): 219-225.

Runyon MS, Brennan MT, Batts JJ *et al*. Efficacy of Penicillin for Dental Pain without Overt Infection. Acad Emerg Med 2004; 11 (12): 1268-71.

Salas AM, Gabaldón PO, Mayoral JL, Amayra GT. Evaluación de la ansiedad y el dolor asociados a procedimientos médicos dolorosos en oncológica pediátrica. Bilbao: Universidad de Deusto; 2002.

Sandín B. Ansiedad, miedos y fobias en niños y adolescentes. Madrid: Dykinson; 1997

Sartory G, Daum I. Effects of controllability on subjective and cardiac responses in phobics. J Psychophysiol 1992; 6(2): 131−139.

Schuller AA, Willumsen T, Holst D. Are there differences in oral health and oral health behavior between individuals with high and low dental fear? Community Dent Oral Epidemiol. 2003; 31(2):116-121.

Seligman MEP. On the generality of the laws of learning. Psychol Rev 1970; 77(5): 406–418.

Seligman MEP. Phobias and preparedness. Behav Ther 1971; 2(3): 307–320.

Sipes G, Rardin M, Fitzgerald B. Adolescent recall of childhood fears and coping strategies. Psychol Rep 1985; 57(3): 1215–1223.

Skaret E, Raadal M, Kvale G, Berg E. Gender-based differences in factors related to non-utilization of dental care in young Norwegians. A longitudinal study. Eur J Oral Sci 2003; 111(5): 377–382.

Skaret E, Soevdsnes EK. Behavioural science in dentistry. The role of the dental hygienist in prevention and treatment of the fearful dental patient. Int J Dent Hyg 2005; 3(1): 2-6.

Skaret E, Berg E, Raadal M, Kvale G. Factors related to satisfaction with dental care among 23-year olds in Norway. Community Dent Oral Epidemiol. 2005; 33(2): 150-157.

Skinner BF. The behavior of organisms: an experimental analysis.1st ed. Oxford, England: Appleton-Century; 1938.

Smith CA, Lazarus RS. Appraisal components, core relational themes, and the emotions. Cognition Emotion 1993; 7(3-4): 233-69.

Smyth JS. A programme for the treatment of severe dental fear: report of three cases. Aust Dent J 1999; 44(4): 275-278.

Soto RM, Reyes DD. Manejo de las emociones del niño en la consulta odontológica. Rev. Latinoamericana de Ortodoncia y Odontopediatría [revista en Internet]. 2005 Disponible en: http://www.ortodoncia.ws/publicaciones/2005/manejo_emociones_consulta_odon tologica.asp. [Acceso 20 de julio del 2006].

Spink M, Bahn S, Glicman R. Clinical Implications of cyclo-oxigenase-2 inhibitor for acute dental pain management. Benefits and risk. J Am Dent Assoc 2005; 136(10):1439-1445.

Stein DJ, Hollander E. Textbook of Anxiety Disorders. Washington: American Psychiatric Publishing Inc; 2002.

Taylor S, Rachman SJ. Stimulus estimation and the overprediction of fear. Brit J Clin Psychol 1994; 33(2): 173−181.

Ten berge M, Veerkamp JS, Hoogstraten J. The etiology of childhood dental fear: the role of dental and conditioning experiences. J Anxiety Disord 2002; 16(3): 321-329.

Themessl-Huber M, Freeman R, Humphris G, MacGillivray S, Terzi N. Empirical evidence of the relationship between parental and child dental fear: a structured review and meta-analysis. Int J Paediatr Dent 2010; 20(2): 83-101.

Thom A, Sartory G, Jöhren P. Comparison between one-session psychological treatment and benzodiazepine in dental phobia. J Consult Clin Psycho 2000; 68(3): 378-387.

Thomson WM, Locker D, Poulton R. Incidence of dental anxiety in young adults in relation to dental treatment experience. Community Dent Oral Epidemiol 2000; 28(4): 289-294.

Townend E, Dimigen G, Fung D. A clinical study of child dental anxiety. Behav Res Ther 2000; 38(1): 31-46.

Trina G. Solving dental fear and anxiety without medication. Oral Health 2005; 95 (11): 21-26.

Valiente RM, Sandín B, Chorot P y Tabar A. Diferencias sexuales en la prevalencia e intensidad de los miedos durante la infancia y la adolescencia: datos basados en el FSSC-R. Revista de Psicopatología y Psicología Clínica 2002; 7 (2): 103-113.

Van Groenestijn MAJ, Maas-De Waal CJ, Mileman PA, Swallow JN. The image of the dentist. Soc Sci Med 1980; 14(6): 541-546.

Van Wijk CM, Kolk AM. Sex differences in physical symptoms: The contribution of symptom perception theory. Soc Sci Med 1997; 45(2): 231-246.

Vermaire JH, de Jongh A, Aartman IH. Dental anxiety and quality of life: the effect of dental treatment. Community Dent Oral Epidemiol 2008; 36(5): 409-416.

Versloot J, Veerkamp J, Hoogtraten J, Martens L. Children's coping with pain during dental care. Community Dent Oral Epidemiol 2004; 32(6): 456-461.

Vingerhoets A. Stress. In Kaptein A, Weinman J, editors. Health psychology. Oxford: British Psychological Society/Blackwell publishing; 2004; pp. 114-40.

VV.AA. The Oxford Pocket Dictionary of Current English 2008 Oxford: Oxford University Press; 2008.

Wardle J. Dental pessimism: negative cognitions in fearful dental patients. Behav Res Ther 1984; 22(5): 553-556.

Ware J, Jain K, Burgess I, Davey GCL. Disease-avoidance model: Factor analysis of common animal fears. Behav Res Ther 1994; 32(1): 57–63.

Watson D, Clark LA, Tellegen A. Development and validation of brief measures of positive and negative affect: the PANAS scale. J Pers Soc Psychol 1988; 54(6): 1063–1070.

Watson JB, Rayner R. Conditional emotional reactions. J Exp Psychol 1920; 3(1): 1–14.

Winer GA. A review and analysis of children's fearful behavior in dental sitting. Child Dev 1982, 53(5): 1111-1133.

Wisloff TF, Vassend O, Asmyhr O. Dental anxiety, utilisation of dental services, and DMFS status in Norwegian military recruits. Community Dent Health 1995; 12(2): 100-103.

Woodmansey K. The prevalence of dental anxiety in patients of a University Dental Clinic. J Am Coll Health 2005; 54(1): 31-59.

World Health Organization. The ICD-10 classification of mental and behavioural disorders. Clinical descriptions and diagnostics guidelines. 1st ed., pp 137–138. Geneva, Switzerland: World Health Organization; 1992.

Wright F, Lucas J, McMurray N. Dental anxiety in five to nine year old children. J Pedod 1980; 4(2): 99–115.

Wright GZ, Alpern GD, Leake JL. The modifiability of maternal anxiety as it relates to children's cooperative dental behavior. ASDC J Dent Child 1973; 40(4): 265–271.

www.ingramcontent.com/pod-product-compliance
Lightning Source LLC
Chambersburg PA
CBHW060846170526
45158CB00001B/258